MÉMOIRE

SUR

L'APPLICATION DES COURBES DE DÉBITS

À L'ÉTUDE DU RÉGIME DES RIVIÈRES

ET AU CALCUL DES EFFETS PRODUITS

PAR UN SYSTÈME MULTIPLE DE RÉSERVOIRS.

EXTRAIT DU TOME XXI

DES MÉMOIRES PRÉSENTÉS PAR DIVERS SAVANTS

À L'ACADÉMIE DES SCIENCES DE L'INSTITUT DE FRANCE.

MÉMOIRE

SUR

L'APPLICATION DES COURBES DE DÉBITS

À L'ÉTUDE DU RÉGIME DES RIVIÈRES

ET AU CALCUL DES EFFETS PRODUITS

PAR UN SYSTÈME MULTIPLE DE RÉSERVOIRS,

PAR M. GRAEFF,

INSPECTEUR GÉNÉRAL DES PONTS ET CHAUSSÉES.

PARIS.

IMPRIMERIE NATIONALE.

M DCCC LXXV.

PRIX DALMONT.

RAPPORT LU ET ADOPTÉ DANS LA SÉANCE DU 8 DÉCEMBRE 1873.

(Commissaires : MM. Phillips, Resal, Rolland, Belgrand, Tresca, rapporteur [1].)

La Commission à laquelle l'Académie a remis le soin d'énumérer les différents Mémoires qui lui ont été adressés pour concourir au prix Dalmont a terminé son travail et pourrait présenter son rapport sur les mérites très-sérieux, mais d'ordres différents, qu'elle a rencontrés dans la plupart des travaux qui lui ont été soumis; mais, pour se conformer aux usages, elle se borne à faire connaître les raisons qui l'ont décidée en faveur du travail qui a réuni les plus nombreux suffrages.

Les communications de M. Graeff se composent des différents Mémoires qu'il a publiés sur le mouvement des eaux dans les réservoirs à alimentation variable. Le premier Mémoire a été renvoyé à l'examen de MM. Dupin, Piobert et Morin, et son insertion dans les *Mémoires des Savants étrangers* a été décidée par l'Académie, sur les conclusions suivantes, par lesquelles M. le général Morin termine son rapport du 14 décembre 1868 :

« Vos commissaires vous proposent d'accorder votre approbation au Mé-
« moire de M. Graeff sur le mouvement des eaux dans les réservoirs à ali-
« mentation variable, et d'en ordonner l'insertion dans le *Recueil des Savants*
« *étrangers*, en réservant les droits de l'auteur au prix Dalmont, et d'adresser
« une copie de ce rapport à M. le Ministre de l'agriculture, du commerce et
« des travaux publics. »

Cette dernière proposition, sanctionnée par l'Académie, montre bien le degré d'utilité que la Commission accordait dès lors à ce travail.

Le deuxième Mémoire, réuni postérieurement par l'auteur au premier

[1] *Comptes rendus des séances de l'Académie des sciences*, t. LXXIX, p. 1603, séance annuelle du 28 décembre 1874.

dans une publication récente, a un objet plus spécial : il traite de l'action que la digue de Pinay exerce sur les crues de la Loire à Roanne.

M. le général Morin a également exprimé devant l'Académie, tant en son nom qu'au nom de MM. Combes et Phillips, ses appréciations sur ce deuxième Mémoire dans les termes suivants :

« L'analyse que nous venons de faire du nouveau Mémoire de M. Graeff « montre que, si la méthode simple d'observation adoptée par l'auteur exige « du temps et de la persévérance, elle a, d'une autre part, l'avantage de con- « duire à des résultats certains, conformes à l'ensemble des faits, et qui « peuvent servir de bases à l'étude des graves questions que soulève le fléau « des inondations. Les applications que l'auteur en a faites ont été assez heu- « reuses pour que son exemple soit imité par les ingénieurs; et, en les por- « tant à la connaissance du public, il aura fait faire à la science de l'Hydrau- « lique un progrès considérable et fécond.

« Vos commissaires vous proposent, en conséquence, d'ordonner que le « nouveau Mémoire de M. Graeff sera, comme le précédent, imprimé dans le « *Recueil des Savants étrangers*, et que ses droits au prix fondé par feu Dalmont « seront réservés. »

Les pièces inscrites au n° 1 du dossier de la Commission du prix Dalmont ne contenaient que la reproduction de ces deux Mémoires; mais la Commission ne devait point en séparer un troisième, qui en est la suite, et sur lequel M. le général Morin a également présenté, dans l'une de nos dernières séances, un rapport signé, avec lui, par M. Phillips.

Ce troisième Mémoire, touchant aux mêmes questions et renfermant les appréciations de l'auteur sur les conditions relatives à la marche des crues, à leur vitesse de propagation et à l'établissement de plusieurs réservoirs étagés, devait d'autant plus être pris en considération dans les circonstances présentes, que l'Académie a donné son approbation aux conclusions, formulées ainsi qu'il suit, sur la dernière partie de ce Mémoire :

« La conclusion générale de cet important travail est empreinte de cette « prudence que de longues observations inspirent aux ingénieurs expéri- « mentés; elle peut se résumer ainsi qu'il suit :

« L'effet d'un réservoir unique sur une région prochaine, en aval, est cer- « tain et peut être calculé avec un degré suffisant d'exactitude.

« Celui de plusieurs réservoirs établis sur un même cours d'eau est en- « core certain, quoique plus difficile à affirmer avec précision.

« Enfin, lorsqu'il existe à la fois des réservoirs sur le cours d'eau principal

« et sur des affluents, les incertitudes augmentent tellement, que ce système « ne serait admissible que dans des cas tout à fait spéciaux. Aussi l'auteur « est-il sagement d'avis, avec les ingénieurs les plus habiles, que le système « multiple des réservoirs disséminés sur tous les affluents des grands fleuves « ne peut être conseillé par la prudence.

« L'Académie peut juger, dit M. Morin, par les détails dans lesquels il nous « a paru nécessaire d'entrer sur ce troisième Mémoire de M. Graeff, que ce « travail n'est pas moins digne d'estime que les précédents, et nous lui pro- « posons d'en ordonner, comme elle l'a fait pour les deux premiers, l'insertion « dans le *Recueil des Mémoires des Savants étrangers.* »

Nous n'entreprendrons pas de résumer, avec la certitude d'en amoindrir la portée, les considérations présentées en détail par M. le général Morin sur l'œuvre de M. Graeff, sur son but et sur ses résultats, et nous devons aussi nous borner à rappeler que l'habile ingénieur s'est proposé d'établir, au moyen d'observations suffisamment prolongées et avec le secours de représentations graphiques bien comprises, la loi des variations de niveau dans un bassin intermédiaire que l'on pourrait convertir en réservoir de retenue, dans les conditions de débit les plus défavorables, soit pour disposer en tout temps d'une réserve commandée par certains besoins, soit pour retenir toutes les eaux auxquelles les moyens d'écoulement dont on dispose ne sauraient donner passage sans inconvénient pour les terrains inférieurs.

Ses observations sur la marche des crues, les indications qu'il donne avec une certaine précision sur les meilleurs moyens d'en déduire les effets probables, d'après l'étude de la représentation graphique de toutes les variations précédentes, sont aussi très-dignes d'éloges.

Les courbes d'observation par lesquelles M. Graeff exprime successivement les relations entre le temps et les débits d'amont et d'aval sont basées sur la cubature par tranches horizontales, et elles lui permettent de déterminer à chaque instant ce que le réservoir intermédiaire doit emmagasiner.

Au point de vue de l'art de l'ingénieur, les recherches de M. Graeff présentent un intérêt d'ensemble que la Commission se plaît à reconnaître; les méthodes qu'il a employées résolvent des questions difficiles, relatives à l'aménagement des eaux; elles assurent, pour les points menacés par les inondations, l'un des plus terribles fléaux, la certitude d'une protection efficace; les vues de l'auteur sont d'ailleurs vérifiées par les faits et ainsi mises en dehors de conteste.

Au point de vue plus exclusivement mathématique, le travail de M. Graeff ne comportait toutefois ni l'élégance, ni le degré d'invention qui caractérisent quelques autres pièces du concours.

Mais, appelée à se décider entre des travaux d'ordres si différents, et tout en prenant en sérieuse considération les exemples cités par le testateur pour mieux exprimer la généralité du programme auquel il a entendu que ses libéralités seraient appliquées, la Commission vous propose, Messieurs, de décerner à M. Graeff, dont le travail, aujourd'hui terminé, résout pratiquement un important problème d'Hydraulique, le prix fondé par M. Dalmont.

Les conclusions de ce rapport sont adoptées.

RAPPORT

SUR UN MÉMOIRE DE M. GRAEFF SUR L'APPLICATION DES COURBES DES DÉBITS À L'ÉTUDE DU RÉGIME DES RIVIÈRES ET AU CALCUL DES EFFETS PRODUITS PAR UN SYSTÈME MULTIPLE DE RÉSERVOIRS.

(Commissaires : MM. Phillips, Morin, rapporteur.)

Dans un avant-propos succinct, l'auteur rappelle d'abord l'usage que l'on peut faire des courbes expérimentales de débit, qui représentent la loi des variations d'un cours d'eau en fonction du temps, soit pour calculer les proportions d'un réservoir de retenue ou d'alimentation, soit pour apprécier l'effet que ce réservoir peut produire pour la défense d'une ville ou d'une contrée.

Le nouveau travail présenté par M. Graeff se compose de deux parties distinctes : la première est relative aux questions qui concernent le régime des rivières et l'alimentation des canaux; la seconde traite de l'action simultanée d'un système multiple de réservoirs sur le régime d'une rivière.

On voit que, après avoir étudié les questions de détail, l'auteur termine ses recherches par la discussion des grandes questions d'ensemble.

La méthode qu'il suit pour cette discussion est basée sur la représentation graphique des résultats des observations continues qu'il a fait recueillir depuis longues années, seule marche qui, dans l'état actuel de la science, permette d'arriver à des résultats suffisamment exacts pour la pratique de l'art de l'ingénieur.

Dans l'article 2 de son Mémoire, l'auteur étudie la marche des crues et leur vitesse de propagation, en partant toujours de cette considération fondamentale que, pendant la période de croissance, le volume d'eau débité en amont étant supérieur à celui qui l'est en aval, et l'inverse ayant lieu pendant la période de décroissance, la différence est, dans le premier cas, emmagasinée, et, dans le second, restituée par le lit et les rivages inondés.

Il indique comment, ayant, par des observations suivies déterminé, dans deux postes consécutifs, entre lesquels il n'existe pas d'affluents importants, la durée de propagation d'un certain nombre de crues, et noté les instants correspondant au minimum et au maximum en chaque poste, on peut former une table des durées de propagation des crues observées du poste d'amont au poste d'aval, et en déduire, pour ce dernier, le débit qui aura lieu, à une heure donnée, par suite d'une crue d'amont annoncée.

Les courbes qui représentent la relation des hauteurs d'eau et des débits permettraient ensuite de conclure de ces débits les hauteurs auxquelles s'élèverait au poste d'aval le niveau des eaux par suite de la crue d'amont, et de prendre les précautions dictées par la prudence.

L'auteur a soin de faire remarquer qu'en indiquant cette marche il a fait d'abord abstraction des volumes d'eau que les versants du terrain pourraient ajouter aux crues.

Mais il indique plus loin, comme nous allons le dire, la marche à suivre pour comparer les débits réels des cours d'eau au volume fourni par les versants, selon le degré de perméabilité du sol.

On comprend tout de suite que l'ensemble des courbes de débit, en fonction du temps, relatives à tous les postes d'observation d'un cours d'eau, fournit la représentation de son régime, et permet d'en étudier toutes les circonstances.

L'auteur indique comment il est facile de déduire des courbes de débit par seconde celles qui représenteraient le débit moyen par jour, par mois, par saison et par année, et le parti que l'on en peut tirer pour la solution des questions qui se rattachent au régime, à la réglementation et à l'emploi des eaux pour les canaux de navigation, d'irrigation et pour l'industrie.

Nous croyons devoir faire remarquer, ainsi que nous l'avons déjà fait, que les Mémoires présentés par M. Graeff sur les importantes questions qu'il a traitées sont le fruit de longues et persévérantes observations continuées pendant plusieurs années, et que le relèvement, la représentation graphique des résultats, leur groupement par périodes mensuelles, trimestrielles ou annuelles, exigent un travail considérable, qui pourrait être singulièrement abrégé par l'emploi d'appareils mécaniques qui les enregistreraient automatiquement et avec plus de régularité qu'on ne peut l'obtenir du personnel le plus dévoué. L'installation de semblables appareils, fût-elle même un peu dispendieuse, conduirait finalement, selon toute probabilité, à une économie dans les dépenses, en même temps qu'elle fournirait des données plus certaines et d'une continuité complète.

L'auteur montre ensuite comment, en combinant les observations sur le débit avec celles qui font connaître le volume d'eau de pluie tombé en chaque saison sur l'étendue des versants qui alimentent le cours d'eau, on peut déterminer le degré de perméabilité d'une région et le rapport plus ou moins régulier qui existe entre les volumes débités par un cours d'eau et les quantités tombées dans chaque saison.

Il en donne des exemples pour des terrains granitiques, tels que ceux du bassin supérieur de la Loire, où les grandes pluies ont lieu en automne. Dans de semblables bassins, ce rapport est habituellement, pendant l'hiver, supérieur à l'unité, c'est-à-dire que les volumes débités sont plus considérables que les volumes d'eau tombée, par suite de l'emmagasinement intérieur dans les réservoirs des sources. La valeur moyenne annuelle de ce rapport, toujours, à l'inverse, inférieure à l'unité, paraît être, pour les terrains granitiques peu perméables, d'environ 0,60, et, pour les terrains siliceux du grès des Vosges, de 0,50. Elle doit s'abaisser considérablement pour des terrains encore plus perméables.

Mais il n'est peut-être pas inutile de rappeler que, si, par suite de la grande perméabilité du terrain en certains endroits, le thalweg d'un assez vaste bassin peut, à la suite de grandes pluies, n'offrir d'abord qu'une très-faible augmentation de débit, il arrive quelquefois qu'à une certaine distance en aval l'effet de ces pluies détermine, au contraire, peu de temps après, une crue considérable et très-brusque. L'un de nous á eu, il y a déjà longues années, l'occasion d'appeler l'attention de l'Académie sur un fait de ce genre, qui se reproduit régulièrement, en temps de grandes pluies, sur un petit cours d'eau, à Signy-l'Abbaye, près de Rethel.

Dans le chapitre second de son Mémoire, l'auteur examine l'influence d'un système de réservoirs sur les crues d'une rivière.

Il montre d'abord comment, étant données les courbes de débit, en fonction du temps, pour un poste établi sur la rivière en amont et à peu de distance du débouché d'un affluent, dont on connaît aussi la courbe analogue, on peut facilement et par une construction évidente d'elle-même obtenir la loi graphique du débit total de la rivière à un poste situé à l'aval près de ce confluent, lorsqu'il est permis de faire abstraction de l'emmagasinement dans l'intervalle des postes.

Examinant ensuite l'influence d'un système de réservoirs placés sur une même rivière, l'auteur montre d'abord que, abstraction faite de l'action des affluents et des emmagasinements partiels qui peuvent résulter de la forme du terrain, les courbes des débits obtenues à des postes successifs et résultant de l'effet d'un seul réservoir iraient en retardant les uns sur les autres et en s'aplatissant, indiquant ainsi une réduction de débit par unité de temps; mais il ajoute que cet effet serait de moins en moins sensible à mesure que la distance augmenterait.

Lorsque plusieurs reservoirs sont établis sur un même cours d'eau, leur influence relative pour la réduction des débits en aval va en s'atténuant; elle est cependant encore sensible.

Mais, quand les réservoirs sont répartis entre le cours d'eau principal et ses affluents, il peut en être tout autrement, parce qu'il arrive le plus souvent que le maximum de débit de l'affluent précède celui de la rivière : c'est ce que l'auteur met en évidence.

A l'aide des méthodes graphiques qu'il a indiquées, M. Graeff donne la marche à suivre pour la transformation successive des courbes de débit, en tenant compte de la variation de la vitesse de translation, et il établit ainsi la transformée définitive de ces courbes pour un cours d'eau sur lequel il existe un système multiple de réservoirs. Mais il ne se dissimule pas que les résultats de ces opérations présentent d'autant moins de probabilité d'exactitude que le nombre des retenues et surtout celui des affluents deviennent plus considérables.

La conclusion générale de cet important travail est empreinte de cette prudence que de longues observations inspirent aux ingénieurs expérimentés; elle peut se résumer ainsi qu'il suit :

L'effet d'un réservoir unique sur une région prochaine en aval est certain et peut être calculé avec un degré suffisant d'exactitude.

Celui de plusieurs réservoirs établis sur un même cours d'eau est encore certain, quoique plus difficile à apprécier avec précision.

Enfin, lorsqu'il existe à la fois des réservoirs sur le cours d'eau principal et sur des affluents, les incertitudes augmentent tellement, que ce système ne serait admissible que dans des cas tout à fait spéciaux.

Aussi l'auteur est-il sagement d'avis, avec les ingénieurs les plus habiles, que le système multiple des réservoirs disséminés sur tous les affluents des grands fleuves ne peut être conseillé par la prudence.

L'Académie peut juger, par les détails dans lesquels il nous a paru nécessaire d'entrer sur ce troisième Mémoire de M. Graeff, que ce travail n'est pas moins digne d'estime que les précédents, et nous lui proposons d'en ordonner, comme elle l'a fait pour les deux premiers, l'insertion dans le *Recueil des Mémoires des Savants étrangers*, en réservant les droits de l'auteur pour le concours au prix Dalmont, sur lequel une Commission spéciale est appelée à se prononcer.

Les conclusions de ce rapport sont adoptées.

MÉMOIRE

SUR

L'APPLICATION DES COURBES DE DÉBITS

À L'ÉTUDE DU RÉGIME DES RIVIÈRES

ET AU CALCUL DES EFFETS PRODUITS

PAR UN SYSTÈME MULTIPLE DE RÉSERVOIRS.

AVANT-PROPOS.

Nous avons, dans un premier mémoire sur le mouvement des eaux dans les réservoirs à alimentation variable, montré l'usage que l'on peut faire des courbes des débits pour calculer tous les éléments d'un réservoir; et, dans un second mémoire, nous avons appliqué ces courbes au calcul de l'effet produit pour la défense de Roanne par la digue de Pinay, qui, en réduisant, par son pertuis, à 20 mètres en nombre rond la largeur de la Loire, forme, dans la plaine du Forez, un vaste réservoir. L'emmagasinement des crues qui en résulte a pour effet de réduire leur hauteur à Roanne et constitue pour cette ville une défense très-efficace contre les inondations.

Cet effet d'atténuation des crues produit par un réservoir unique sur un point prochain situé en aval est certain; mais en serait-il encore de même pour un système de plusieurs réservoirs, dans lequel le concours de chaque réservoir en particulier pourrait arriver ou ne pas arriver utilement pour produire l'effet définitif d'atténuation que l'on recherche? Cette question est celle que la plupart des ingénieurs chargés de services d'inondation ont eue le plus spécialement à étudier, et sur laquelle leurs opinions, très-diverses à l'origine, ont fini, avec le temps, par être assez d'accord pour qu'aujourd'hui nous n'ayons plus à craindre de blesser aucune susceptibilité en exposant, devant le tribunal le plus compétent, les procédés d'investigation que ces sortes d'études comportent, et en exprimant notre opinion sur le degré de confiance qu'il faut leur accorder, opinion qui, nous devons l'avouer sans détour, est loin d'être la même que celle que nous avions conçue, lorsque nous avions, après la crue de 1856, été appelé à diriger, comme ingénieur en chef et sous la haute direction de M. l'inspecteur général Comoy, les études d'inondation de la Loire supérieure.

On peut, en employant les procédés indiqués dans notre premier mémoire, étant donnée la courbe des débits d'une rivière au point où doit être établi sur cette rivière un barrage destiné à former réservoir, calculer avec une exactitude suffisante la *transformée* de cette courbe des débits, c'est-à-dire la courbe des débits résultant de l'action du réservoir. Il s'agit aujourd'hui d'analyser les actions combinées de plusieurs réservoirs établis sur un cours d'eau et sur ses affluents.

La solution de cette question ne peut être recherchée, comme l'ont d'ailleurs reconnu tous les ingénieurs des services d'inondation, qu'au moyen de l'usage des courbes des débits, qui est aujourd'hui chose familière pour eux. Celles-ci peuvent, en outre, servir dans la pratique à déterminer les principaux éléments du régime d'une rivière et à résoudre, d'une manière aussi simple qu'élégante, les questions diverses que peut présenter l'alimentation des canaux de navigation, d'irrigation, d'usines ou de conduites d'eau des villes.

Ce sont ces intéressantes propriétés que nous nous proposons d'exposer dans ce troisième mémoire, dernier complément de la série d'études que nous avons, depuis vingt ans, été amené à faire pour les besoins successifs des divers services des grands travaux hydrauliques que nous avons été appelé à diriger dans notre carrière d'ingénieur.

Nous subdiviserons notre travail en deux parties.

Dans la première nous montrerons l'utile emploi que l'on peut faire des courbes des débits dans les questions dépendant du régime des rivières et de l'alimentation des canaux.

Dans la seconde nous traiterons de l'application spéciale de ces courbes à la solution de la question de l'action simultanée d'un système multiple de réservoirs sur le régime d'une rivière.

Avant de passer à l'examen de ces deux questions, nous rappellerons d'ailleurs, en peu de mots, les principales propriétés des courbes des débits que nous avons établies en détail dans nos deux précédents mémoires.

Nous avons montré, dans la note A de notre mémoire sur la digue de Pinay, que, si l'on prenait, sur deux axes rectangulaires, comme abscisses les hauteurs d'eau h au-dessus du fond observées à un poste donné d'observation sur une rivière, et comme ordonnées les débits q par seconde correspondants à ces hauteurs dans la section transversale qui correspond au poste d'observation et calculés par des jaugeages directs de la rivière, la courbe des débits qui en résultait (fig. 1, pl. IX) affectait toujours une forme parabolique tournant sa convexité du côté de l'axe des h. Cette courbe des débits remplace, pour nous, la relation analytique ou la fonction qui lie, dans une même section transversale de la rivière, la hauteur d'eau h et le débit q par seconde qui lui correspond.

Chaque poste d'observation a donc une courbe des débits qui lui appartient, et il y a de la sorte, pour ainsi dire, autant d'équations particulières du mouvement, représentées par ces courbes, qu'il y a de postes d'observation sur la rivière dont on veut étudier le régime. C'est ce qui arriverait aussi, du reste, si

1.

l'on pouvait, dans l'état actuel de la science, trouver des formules générales qui s'appliquassent avec quelque exactitude aux rivières, ce qui n'a pas encore eu lieu jusqu'ici, malgré les plus savantes recherches. Il ressort, en effet, des rapports présentés à l'Académie par M. de Saint-Venant sur les mémoires de MM. Kleitz et Maurice Lévy, que le coefficient de frottement $\mathcal{E}$ devrait, dans tous les cas, varier d'une section à l'autre de la rivière, et il y aurait dès lors, pour chaque poste d'observation correspondant à une section transversale du cours d'eau, un système d'équations particulier, de même qu'ici nous avons une courbe particulière des débits. La théorie, lors même qu'elle arriverait à déterminer les lois les plus générales pour la variation du coefficient $\mathcal{E}$, ce qui est loin d'être fait quant à présent et présente, selon nous, des difficultés à peu près insurmontables, n'offrirait donc ici aucun avantage sur cette pratique d'une courbe donnant, pour chaque poste d'observation que l'on voudra établir sur la rivière, la relation entre les débits et les hauteurs d'eau marquées par l'échelle hydrométrique de ce poste, et nous croyons, en ce qui nous concerne, que rien de plus simple ni de plus exact ne peut être proposé, dans l'état actuel de la question théorique du mouvement des eaux dans les rivières à régime variable.

La courbe des débits en fonction des hauteurs d'eau d'un poste d'observation, déterminée une fois pour toutes, sert à établir la courbe des débits en fonction du temps qui définira, pour nous, la continuité du mouvement de la rivière dans sa section correspondante au poste donné.

Supposons que, au bout du temps t_0, l'échelle donne une hauteur h_0; au bout du temps t_1, une hauteur h_1, etc. On formera ainsi, en prenant les temps pour abscisses et les hauteurs correspondantes pour ordonnées, la courbe A'B'C'D' (fig. 2, pl. IX), qui donne les hauteurs d'eau en fonction du temps, et au moyen de la courbe des débits en fonction des hauteurs (fig. 1) calculée une fois pour toutes pour le poste d'observation que l'on considère, on calculera les débits $q_0, q_1, q_2, \ldots$ correspondant aux hauteurs $h_0, h_1, h_2, \ldots$ de la courbe A'B'C'D' des hauteurs en fonction du temps (fig. 2). Ainsi, par exemple, pour calculer le débit q_0, on portera sur l'axe des abscisses de la figure 1 la quantité OF égale à la quantité A'E', représentant, sur la figure 2, la hauteur h_0 qui correspond au temps t_0, représenté, sur cette même figure, par l'abscisse O'E'. Au point F de la figure 1, on élèvera une ordonnée qui rencontrera en G la courbe des débits en fonction des hauteurs d'eau, et l'ordonnée FG représentera le débit q_0 qui correspond à la hauteur h_0; on portera cette ordonnée de E en A sur la figure 2, le point E de l'axe des temps correspondant au temps t_0, et le point A sera le point de la courbe des débits en fonction du temps ABCD qui correspondrait au point A' de la courbe des hauteurs A'B'C'D'. . . . .

On pourra donc, étant donnée la courbe des hauteurs accusées par les observations du poste donné, déterminer immédiatement, et par des opérations graphiques de la dernière simplicité, la courbe correspondante des débits en fonction du temps. On passerait d'ailleurs tout aussi aisément d'un débit donné à la hauteur correspondante. Ainsi, le débit q_0 étant représenté par AE, fig. 2, on porterait sur l'axe des q, dans la figure 1, OH=AE; du point H on mènerait HG parallèle à l'axe des h, et, de son point de rencontre G avec la courbe des débits en fonction des hauteurs, on abaisserait la perpendiculaire GF sur cet axe, et la hauteur h_0 cherchée serait égale à OF.

La courbe des débits en fonction du temps serait continue si les observations se faisaient par des instruments pareils aux maréographes, comme M. le général Morin l'a indiqué dans son rapport sur notre premier mémoire; mais, dans la pratique, elle se remplace ordinairement par un polygone, attendu que les observations se font le plus souvent à des intervalles de temps déterminés et seulement aux changements notables d'état du niveau des eaux.

On voit d'ailleurs que les opérations que nous venons d'indiquer pour arriver à la courbe des débits en fonction du temps reviennent à celles de l'élimination de h entre deux relations, l'une $F(q, h) = o$ en q et h, représentée par la courbe de la figure 1; l'autre $f(h, t) = o$ en h et t, représentée par la courbe A'B'C'D' de la figure 2, ce qui conduirait à une équation $\psi(q, t) = o$ entre le débit et le temps, représentée par la courbe ABCD de la figure 2.

La courbe des débits en fonction du temps jouit, ainsi que nous l'avons établi dans notre premier et principal mémoire, de cette remarquable propriété que son aire, prise entre deux valeurs du temps t_{n-1} et t_n, représente le volume total débité pendant l'intervalle de temps $t_n - t_{n-1}$ dans la section transversale du poste d'observation auquel s'applique la courbe, et nous avons démontré, dans ce premier mémoire, que, si l'on considérait la courbe des débits ABCD (fig. 3, pl. IX) s'appliquant à une crue donnée, et qu'au poste auquel se rapporte cette courbe on construisît un barrage dont le pertuis fût assez petit, par rapport à la section naturelle de la rivière, pour forcer les eaux à s'emmagasiner, la courbe ABCD se transformerait, par l'action de ce réservoir, en une courbe AMND, telle que les aires ABMA et MNDCM comprises entre les deux courbes fussent égales, le débit maximum BF se trouvant réduit à MK par l'action du réservoir.

L'aire ABMA, qui est la différence des aires EABMK et EAMK des courbes des débits entrant et sortant, représente, en effet, le volume emmagasiné par le réservoir, et ce volume est évidemment égal au volume représenté par l'aire MNDCM, que ce réservoir restitue à la rivière en se vidant après la crue. Ces deux aires sont donc nécessairement égales entre elles.

Ces notions rappelées, nous ferons remarquer maintenant que la continuité du mouvement des eaux, à un poste donné, sera représentée par une courbe des débits en fonction du temps qui aura autant d'ondulations que la rivière présentera de crues pendant la période d'observation. C'est cette courbe qui, pour nous, représente le régime de la rivière pour la section transversale correspondante au poste donné, et l'ensemble de toutes les courbes des différents postes représentera le régime complet du cours d'eau.

Passons maintenant aux deux questions que nous nous proposons spécialement d'étudier dans ce mémoire.

CHAPITRE PREMIER.

ÉTUDE DU RÉGIME D'UN COURS D'EAU.

ARTICLE 1er.

FORME DU LIT DES COURS D'EAU NATURELS. — SON INFLUENCE SUR LE RÉGIME.

Dans les cours d'eau naturels, le profil en long présente ce caractère général que la pente du lit va en diminuant progressivement de la source vers l'embouchure, de sorte que, si l'on rapporte la courbe du profil longitudinal du lit à deux axes de coordonnées rectangulaires ayant leur origine placée à celle du cours d'eau, les distances x étant comptées sur l'horizontale passant par cette origine et les ordonnées y correspondantes étant comptées de haut en bas à partir de cette ligne, le $\frac{dy}{dx}$, qui est la mesure limite de la pente ou de l'angle variable que la tangente à la courbe fait avec l'axe horizontal des abscisses, ira en diminuant d'une manière continue, à mesure que x augmentera, et variera entre l'infini et zéro, x variant entre zéro et l'infini; ce qui suppose entre y et x une relation ayant le caractère parabolique. Le degré de cette parabole variera d'ailleurs suivant la nature plus ou moins torrentielle du cours d'eau. Les pentes vers la source seront d'autant plus fortes que le caractère torrentiel s'accentuera davantage, de sorte que, si la courbe OB (fig. 4, pl. IX) représente le profil en long d'un cours d'eau, la courbe OA représenterait celui d'un cours d'eau moins torrentiel, et la courbe OC celui d'un cours d'eau plus torrentiel, partant de la même origine.

Ce caractère parabolique du profil en long des cours d'eau est général, et l'expérience le vérifie sans exception, en négligeant, bien entendu, les inégalités locales du lit, qui peuvent, sur les rivières à fond mobile, aller jusqu'à donner en certains points des pentes inverses de la pente générale; c'est ce qui arriverait, par exemple, sur un seuil de rocher dont les couches plongeraient vers l'amont du cours d'eau.

Lorsque l'on a fait faire le nivellement en longueur d'une rivière depuis sa source jusqu'à son embouchure, et que l'on néglige un certain nombre de points singuliers, pour ne s'en tenir qu'aux points principaux, si l'on adopte d'ailleurs, pour rapporter ce nivellement, une échelle des longueurs plus petite que celle des hauteurs, le caractère dont nous parlons saute aux yeux de la manière la plus évidente. Il est d'ailleurs la conséquence mathématique du mode par érosion, suivant lequel se sont formés les lits des cours d'eau, lorsque les soulèvements des diverses chaînes de montagnes ont déplacé les grandes masses d'eau, qui, en s'écoulant vers les mers, ont fini, avec les siècles, par façonner les lits des cours d'eau tels que nous les voyons aujourd'hui.

Le degré de rapidité avec lequel la courbure du profil en long augmente de l'embouchure vers la source mesure la torrentialité du cours d'eau, si nous pouvons hasarder ici ce néologisme, et ce caractère s'accuse d'autant plus que les cours d'eau prennent leur source sur des plateaux plus élevés.

Nous ferons remarquer toutefois que l'origine de la courbe du profil en long ne doit être comptée que du point où le cours d'eau entre dans son lit d'érosion, attendu que très-souvent il prend sa source dans un plateau étendu, sur lequel il coule avec la pente même de ce plateau, pente quelquefois assez faible, jusqu'à ce qu'il arrive au lit d'érosion, et dès lors son profil en long prend le caractère parabolique indiqué plus haut.

En ce qui concerne le profil en travers, il s'est constitué de manière à assurer, au moyen de la pente établie par le profil en long, l'écoulement des eaux que peuvent produire les versants, et moins les régions supérieures des sources sont perméables, plus, à égalité de pente et de surface de versant, la largeur du profil en travers devient grande dans les régions inférieures du cours d'eau. Ainsi M. l'inspecteur général des ponts et chaussées Comoy a fait remarquer, dans son rapport sur les études d'inondation qu'il avait dirigées pour la Loire, que cette rivière, qui prend sa source dans des terrains primitifs presque imperméables, a un lit de 350 à 400 mètres de largeur près d'Orléans, tandis que près de Paris la Seine, qui prend sa source dans des terrains calcaires plus perméables, n'a que 150 mètres de largeur au plus, quoique, en ces deux points, la superficie totale des versants soit à peu près la même pour les deux fleuves.

Il faut faire remarquer d'ailleurs que ce n'est pas l'augmentation de débit, suite nécessaire de l'augmentation progressive de la surface de versant, qui est la seule cause de l'augmentation de largeur des cours d'eau de la source vers l'embouchure. Dans leurs régions supérieures, les cours d'eau coulent en général sur des terrains beaucoup plus résistants que ceux des régions inférieures; de sorte que, dans ces dernières, la largeur croît beaucoup plus rapidement que dans les premières, à égalité d'accroissement des débits, et nous voyons les plaines de l'Allier et de la Loire nous offrir le triste spectacle de terrains immenses dans lesquels ces rivières divaguent et se frayent de nouveaux bras à chaque grande crue.

La différence du débit entre l'étiage et les crues va en s'accentuant avec le caractère torrentiel et en raison inverse du degré de perméabilité du sol, les crues les plus fortes et les plus subites ayant lieu dans les lits les plus torrentiels et les moins perméables.

Nous ajouterons à cela que l'intensité de la pluie augmente, en général, avec l'altitude, ce qui fait que, toutes circonstances égales d'ailleurs, les cours d'eau qui, prenant leur source aux plus grandes altitudes, offrent le caractère le plus torrentiel, sont en même temps ceux qui ont les plus fortes crues.

On comprend parfaitement, d'après ce qui vient d'être dit, que la question du régime d'une rivière soit très-complexe, et qu'il soit difficile d'admettre que l'on arrive jamais à déterminer par des relations analytiques générales un état qui varie avec tant de circonstances diverses.

La forme du lit des rivières et son influence générale sur leur régime ayant été indiquées, examinons maintenant comment une crue marche et se propage dans ce lit.

ARTICLE 2.

MARCHE DES CRUES. — VITESSE DE PROPAGATION.

Nous avons déjà donné, dans la note A de notre mémoire sur la digue de Pinay, quelques indications sur la marche réelle des crues, que nous allons succinctement rappeler ici.

Supposons que MBM' (fig. 4bis, pl. IX) soit, dans le profil en long, la ligne d'eau lorsque la rivière se trouve à l'état permanent qui précède une crue, et qu'un élément de crue se propageant de l'amont à l'aval avec une ligne d'eau générale NA soit arrivé en A. Lorsque la tête de crue est à ce point, la rivière est encore à l'état d'étale ou de permanence en B, dans une section d'aval, séparée de la première de la distance CD, mesurée sur l'axe longitudinal de la rivière.

La chute AB d'une section à l'autre est d'autant plus grande, à distance égale entre les deux sections, que le cours d'eau est plus torrentiel, et sur les torrents des Alpes et la Loire supérieure on voit les grandes crues s'avancer dans leur lit comme des montagnes qui marchent.

A mesure qu'un nouvel élément de crue vient d'ailleurs se superposer sur le précédent, celui-ci s'aplatit en s'allongeant vers l'aval, de sorte que l'ensemble de la crue se compose d'une série de volumes successifs qui vont en s'étalant les uns sur les autres de l'amont vers l'aval et qui finissent par amener le maximum, pendant la durée duquel le cours d'eau reste à l'état d'étale au point où ce maximum se produit.

La question du mouvement est ici, comme nous l'avons déjà fait remarquer dans la note A de notre mémoire sur la digue de Pinay, la même que celle que nous avons analysée dans notre premier mémoire, sur la théorie des réservoirs à alimentation variable. Lorsque la rivière est en crue, la section A débite un volume q par seconde, tandis que la section B débite dans le même temps un volume φ, plus petit que q, et la différence des débits s'emmagasine dans le lit de la rivière entre les sections A et B. Lorsque la rivière est en décrue, φ devient plus grand que q, et la différence des débits est rendue à la rivière par l'emmagasinement qui s'était fait dans le lit pendant la période croissante de la crue. On a donc toujours l'équation M fondamentale donnée dans notre premier mémoire, et qui peut s'écrire encore sous la forme suivante :

$$dV=(q-\varphi)\,dt,$$

dV représentant l'élément de volume emmagasiné pendant le temps dt dans le lit ou rendu par ce lit, suivant que la rivière est en crue ou en décrue.

Ici q et φ ne sont plus, comme dans le cas d'un réservoir, deux fonctions ne dépendant que très-indirectement l'une de l'autre; ce sont deux valeurs de la même fonction pour deux sections différentes de la rivière, dont cette fonction représente le débit.

Nous avons montré, dans la note A de notre mémoire sur la digue de Pinay, que si ω, ω' représentaient les aires des sections A et B, v la vitesse de propagation d'un débit de la section A à la section B, on avait entre ces diverses quantités les relations suivantes[1] :

$$\text{(P)} \qquad v=\frac{q-\varphi}{\omega-\omega'}.$$

[1] M. l'ingénieur en chef Breton est arrivé aussi à cette expression de la vitesse de translation, dans son intéressant ouvrage sur les torrents.

Cette formule permettrait de calculer approximativement la vitesse de propagation dans une partie de rivière dépourvue d'affluents; mais encore faudrait-il l'affecter d'un coefficient déterminé par l'expérience et variable avec la nature du lit du cours d'eau. Ce serait quelque chose d'analogue aux coefficients de réduction de la dépense, dans la question de l'écoulement des eaux par des orifices en déversoir ou avec charge sur le sommet.

Si nous supposons maintenant, pour un moment, que le volume supplémentaire de l'élément de crue que nous considérons soit seul à se propager dans un canal à régime permanent, il est clair que l'onde produite par l'introduction subite de ce volume ira, en raison des résistances qu'elle rencontrera, en diminuant de vitesse à mesure qu'elle se propagera vers l'aval, le volume complémentaire qui l'a produite allant d'ailleurs en s'étalant lui-même progressivement dans un lit dont la largeur va en augmentant, comme on l'a vu plus haut, et nous arrivons ainsi à cette conclusion, qui reste vraie pour un cours d'eau quelconque, pourvu qu'il n'y ait pas d'affluents entre les deux points comparés, que *le débit maximum de la crue d'une rivière entre deux affluents successifs va nécessairement en s'atténuant de l'amont à l'aval, indépendamment des pertes par imbibition, qui sont d'ailleurs d'autant plus grandes que le sol est plus perméable, et qui activent encore cette atténuation.*

L'expérience vérifie de la manière la plus complète ce fait de l'atténuation des débits de l'amont vers l'aval dans toute partie d'un cours d'eau dépourvue d'affluents, et assez courte d'ailleurs pour que l'apport de ses versants directs n'exerce qu'une faible influence sur l'accroissement du débit; et si, en fait, le débit maximum va, au contraire, en augmentant d'une manière très-notable de la source vers l'embouchure, cela tient uniquement à l'apport successif des affluents, la loi de l'atténuation restant toujours vraie entre les confluents de deux affluents successifs, assez rapprochés d'ailleurs pour que l'action des versants directs intermédiaires puisse être négligée.

Il suit de là que la formule P ne serait, comme nous l'avons déjà dit, applicable que dans ce dernier cas, et que, si l'on veut déterminer les vitesses de translation des débits de l'amont à l'aval lorsqu'il y a des affluents, il faut nécessairement recourir à des expériences directes faites sur un certain nombre de crues d'intensités différentes.

Soit ABC (fig. 5, pl. IX) la courbe des débits en fonction du temps, déterminée, comme nous l'avons expliqué à l'avant-propos, pour un poste d'observation donné et pour une certaine crue, qui a commencé au bout du temps t_0 et fini au bout du temps t_n, et dont le maximum B a eu lieu au bout du temps t_1. Supposons un second poste d'observation en aval et qui, pour la même crue, ait donné la courbe des débits A'B'C'.

A l'ordonnée At_0, qui représente sur la courbe ABC le débit au commencement de la crue et au bout du temps t_0, correspondra sur la courbe A'B'C' une ordonnée $A't'_0$, dont l'abscisse $O't'_0$ sera plus grande que l'abscisse Ot_0 du point A, et la différence $t'_0-t_0=Ar$ des deux positions horaires représente le temps qu'a mis le débit At_0 du point A de la courbe ABC à devenir le débit $A't'_0$ du point A' correspondant de la courbe A'B'C'. Cette différence Ar des positions horaires mesure la *durée de la propagation* du minimum de la crue d'un poste à l'autre. La durée de la propagation du maximum serait mesurée de même par $Bm=t'_1-t_1$, et celle de la dernière ordonnée de la partie descendante de la crue par $Cp=t'_n-t_n$.

Si nous désignons par T la durée de la propagation, v représentant comme ci-dessus la vitesse de propagation, et λ étant la distance qui sépare les deux postes d'observation auxquels correspondent les courbes ABC, A'B'C', on aura entre ces trois quantités la relation

$$v=\frac{\lambda}{T}.$$

Dans cette équation, λ est connu et T est donné par l'observation, ce qui donnerait la valeur de v, au moins pour les trois points A, B, C de la courbe des débits qui correspondent au commencement, au maximum et à la fin de la crue, attendu que le registre d'attachement du poste auquel cette courbe se rapporte permet de reconnaître exactement, par les étales qui les accompagnent, ces trois points correspondants sur les deux courbes. Il n'en serait plus de même de tout autre débit intermédiaire, attendu qu'aucun point de repère ne pourrait plus conduire à déterminer sa position horaire relative sur les deux courbes.

Il suit de là que l'on ne peut connaître directement pour chaque crue que les vitesses de translation des trois points que nous venons d'indiquer : *origine*, *maximum* et *fin de la crue*.

Ces trois vitesses ne sont pas égales, et c'est celle du maximum qui est, en général, la plus grande; mais elle décroît rapidement lorsque la rivière rencontre des plaines submersibles, et il peut même se faire alors qu'elle devienne plus petite que celle du commencement ou de la fin de la crue, qui, à ces moments, est tout entière dans le lit même de la rivière. Aussi voit-on, dans les parties très-encaissées des rivières, où les eaux ne peuvent pas franchir les bords, la vitesse de propagation atteindre et même dépasser quelquefois la vitesse de débit, tandis que, en cas de débordement, l'expérience démontre qu'elle lui reste toujours notablement inférieure, conséquence que l'on peut d'ailleurs tirer aussi de la formule P, comme nous l'avons déjà fait dans la note A de notre mémoire sur la digue de Pinay.

Le seul procédé pratique à employer pour déterminer la vitesse de translation des divers débits entre deux postes donnés est d'observer, dans ces deux postes, un assez grand nombre de crues et de noter chaque fois, à côté des hauteurs minima et maxima observées au poste d'amont[1], la durée de la propagation de ces hauteurs au poste d'aval, durée qui s'obtient en faisant la différence des heures notées sur les registres d'attachement aux-

[1] C'est le maximum qui s'observe toujours le plus exactement, et le point où il commence est toujours très-net, puisqu'il est suivi, en général, d'une étale que l'on reconnait de suite, sur le registre d'attachement, par l'égalité des cotes de hauteur.

quelles se sont produits les deux maxima. La hauteur observée donne d'ailleurs immédiatement le débit correspondant, au moyen de la courbe des débits en fonction de la hauteur, construite une fois pour toutes pour chaque poste d'observation, comme nous l'avons expliqué dans nos précédents mémoires et rappelé à l'avant-propos de celui-ci.

Supposons donc qu'on ait ainsi à sa disposition, pour un poste donné, un certain nombre de débits et de durées de propagation correspondantes obtenues par l'expérience. Soient $q_0, q_1, q_2, \ldots, q_n$ ces débits, classés d'après leur ordre de grandeur, q_0 étant le plus petit et q_n le plus grand; $T_0, T_1, T_2, \ldots, T_n$ les temps observés que les débits $q_0, q_1, q_2, \ldots, q_n$ ont mis à se propager au poste d'aval pour former à ce poste les débits $q'_0, q'_1, q'_2, \ldots, q'_n$. On pourra ainsi établir, pour le poste d'observation qui nous occupe, une table des débits et de la durée de leur propagation de ce poste au poste suivant :

DÉBITS au POSTE D'AMONT.	DURÉE DE LA PROPAGATION du poste d'amont au poste d'aval.
q_0	T_0
q_1	T_1
q_2	T_2
...	...
q_n	T_n

Au moyen de cette table une fois faite, il sera facile, étant donné un débit quelconque de la courbe ABC (fig. 5, pl. IX), de calculer le temps qu'il mettra à se propager au poste d'aval sur la courbe A'B'C'. Ainsi, supposons que l'on prenne le point a de la courbe ABC, dont l'ordonnée ae serait exactement égale à un des nombres $q_1, q_2, \ldots$ de la table, par exemple à q_2 : du point a on mènera une parallèle à l'axe du temps Ot, et l'on prendra, sur cette ligne, la quantité ab égale au nombre T_2, qui correspond dans la table au nombre q_2, et, du point b ainsi déterminé, on abaissera une perpendiculaire sur Ot, qui, par sa rencontre avec la courbe A'B'C', déterminera le point a', qui correspond sur cette courbe au point a de la courbe ABC. Ce débit $a'e'$ serait d'ailleurs celui qui correspondrait, sur la courbe A'B'C', au débit ae de la courbe ABC.

Si l'ordonnée que l'on considère n'était pas égale à un des nombres de la première colonne de la table, elle tomberait entre deux de ces nombres, et il serait toujours facile de calculer la durée de sa propagation au moyen des deux ordonnées successives de la table qui la comprendraient. C'est un calcul analogue à celui des différences pour les logarithmes, et il est trop simple pour qu'il soit nécessaire d'y insister aucunement ici.

Il est d'ailleurs évident qu'une table analogue à celle que nous avons indiquée pour la translation des débits du poste n° 1 au poste n° 2, et déduite de la même série d'observations, pourra s'établir pour la translation des débits du poste n° 2 au poste n° 3, et ainsi de suite; de sorte que l'on aura pour chaque poste une table qui permettra, connaissant un débit à ce poste, de déterminer immédiatement la durée de sa propagation au poste suivant.

Il résulte de ce qui vient d'être dit que, étant donné un débit sur la courbe ABC, on pourra déterminer très-approximativement le débit correspondant de la courbe A'B'C' du poste suivant, en ayant égard à la vitesse de translation des débits d'une courbe à l'autre, et sans avoir à calculer cette vitesse par des formules qui ne peuvent plus offrir aucune garantie d'exactitude, pour peu qu'il y ait un affluent de quelque importance entre les deux postes.

ARTICLE 3.

USAGE DES COURBES DES DÉBITS POUR REPRÉSENTER LE RÉGIME.

Si nous prenons maintenant un cours d'eau dans son ensemble et avec tous ses affluents, son régime sera représenté, pour une crue donnée, par la série des courbes des débits du lit principal en fonction du temps à tous les postes d'observation munis d'échelles hydrométriques, toutes ces courbes étant placées dans leurs positions horaires respectives, et la différence des heures auxquelles ont eu lieu les maxima et les minima déterminant, d'un poste à l'autre, la durée de la propagation du maximum et du minimum de la crue.

Ces courbes, placées ainsi dans leurs positions horaires relatives, présentent un premier caractère général, c'est que *le maximum va, eu égard à l'apport successif des affluents, en augmentant de la source vers l'embouchure, et qu'il va en retardant d'un poste à l'autre à mesure que l'on chemine vers l'aval. Les courbes des débits vont d'ailleurs, de la source vers l'embouchure, en s'aplatissant dans leur forme, le caractère torrentiel diminuant sur le même cours d'eau à mesure que l'on s'éloigne de la source.*

Lorsqu'il y a une crue, les observations aux échelles se font à des intervalles de temps très-rapprochés, afin que le polygone représentant la courbe des hauteurs d'eau en fonction du temps, de laquelle se déduit, comme nous l'avons rappelé à l'avant-propos, la courbe des débits en fonction du temps, ait un assez grand nombre de côtés pour se rapprocher suffisamment de la forme réelle de cette courbe, que l'on obtiendrait d'ailleurs plus exactement encore si l'on se servait, comme l'a conseillé M. le général Morin, pour déterminer la courbe des hauteurs, d'appareils analogues aux maréographes.

En pratique, les calculs se simplifient notablement par la substitution des polygones aux courbes, et les polygones nous paraissent suffisants, pour peu que l'on rapproche les observations dans les moments où le débit varie le plus. Le commencement et la durée des étales sont d'ailleurs toujours très-exactement indiqués sur les registres d'observation de chaque poste.

La durée de l'étale varie avec le caractère plus ou moins torrentiel du cours d'eau. Sur les affluents de la Loire supérieure, par exemple, cette durée est très-courte, presque nulle le plus souvent, et les courbes des débits y font de véritables pointes vers leur maximum, tandis qu'à Orléans les étales ont déjà une durée très-notable.

Sur une rivière moins torrentielle que la Loire, sur la Seine par exemple, les courbes des débits offriraient un caractère analogue, quoique beaucoup moins saillant. Ces courbes iraient d'ailleurs toujours en s'aplatissant de l'amont à l'aval, mais la durée des étales serait relativement plus longue.

Lorsqu'on a eu beaucoup de courbes des débits sous les yeux, on peut, au seul aspect de l'ensemble des courbes d'un cours d'eau, voir immédiatement s'il est torrentiel ou non. Les courbes ont toutes, dans le premier cas, sur la partie supérieure du cours d'eau, une forme pointue, qui ne permet pas un seul instant de s'y tromper, et qui conserve une certaine influence jusque sur les dernières courbes vers l'embouchure. Dans le second, elles sont plus arrondies, et la courbe des débits de la Loire supérieure est un véritable pic des Alpes par rapport à celle de la Seine, qui offrirait la forme arrondie d'un coteau de Meudon.

ARTICLE 4.

DES COURBES DU RÉGIME ANNUEL ET DE LEURS APPLICATIONS.

Si l'on veut avoir, à un poste donné d'un cours d'eau, la courbe des débits de toute une année ou la courbe de son régime annuel, ce qui est très-utile, comme on le verra tout à l'heure, pour l'étude des projets de réservoirs d'irrigation, d'usines ou de canaux, il faut trouver un procédé qui donne des débits moyens et qui permette de remplacer, par un certain nombre plus petit, le nombre énorme d'ordonnées que présenterait la courbe des débits en fonction du temps telle que nous l'avons employée dans ce qui précède, et qui, rapportée sur le papier, d'après toutes les observations faites dans l'année, serait peu propre à des opérations d'ensemble.

On peut, au lieu du débit par seconde, prendre le débit par

jour de 24 heures, par exemple; de sorte que la courbe annuelle ne se composera plus que de 365 ordonnées séparées par des abscisses égales, ce qui n'empêchera pas de conserver séparément les courbes des débits par seconde spéciales aux grandes crues, afin d'avoir ces courbes à sa disposition dans le cas où l'on aurait des réservoirs d'inondation à étudier, pour lesquels les courbes de détail sont nécessaires, ainsi qu'on l'a vu dans notre mémoire sur les réservoirs à alimentation variable.

Voyons maintenant comment, connaissant les débits par seconde résultant des observations, on déterminera le débit par jour, c'est-à-dire comment de la courbe de détail on passera à la courbe d'ensemble.

Supposons que pendant un des jours de l'année le cours d'eau ait débité un cube total Q, on aura

$$Q = \int_{t_0}^{t_n} q\,dt,$$

t_0 et t_n étant les temps qui correspondent au commencement et à la fin de la journée, soit de 6 heures du matin d'un jour à 6 heures du matin du jour suivant, pour nous conformer à l'usage des observations de nos services d'inondation français.

L'intégrale que nous venons d'indiquer se calcule d'ailleurs très-facilement et très-vite en pratique, en substituant à la courbe des débits par seconde, dont elle représente l'aire entre les abscisses t_n et t_0, un polygone dont les ordonnées des sommets sont les valeurs $q_0, q_1, q_2, \ldots, q_n$, qui correspondraient sur cette courbe aux abscisses $t_0, t_1, t_2, \ldots, t_n$, de sorte que l'on aura une suite de trapèzes ayant pour bases les ordonnées $q_0, q_1, \ldots, q_n$, et pour hauteurs les intervalles successifs de temps $t_1 - t_0$, $t_2 - t_1$, ..., $t_n - t_{n-1}$, et l'on en déduirait

$$Q = \frac{q_0 + q_1}{2}\left(t_1 - t_0\right) + \frac{q_1 + q_2}{2}\left(t_2 - t_1\right) + \cdots\cdots + \frac{q_{n-1} + q_n}{2}\left(t_n - t_{n-1}\right).$$

Si l'on calcule ainsi les cubes totaux débités pour chaque jour de l'année, on aura la nouvelle courbe des *débits par jour*, remplaçant la courbe des *débits par seconde,* qui n'aura plus que 365 ordonnées, au lieu du nombre excessif que donnerait la courbe des débits par seconde d'une année entière, et cette courbe elle-même des débits par jour peut souvent encore se simplifier, en supprimant des ordonnées intermédiaires lorsque le débit va en croissant ou en décroissant à peu près uniformément entre certaines ordonnées extrêmes.

On déduira facilement de la courbe réduite des *débits diurnes* le débit moyen par jour ou le *module diurne* d'un cours d'eau, en calculant l'aire annuelle de cette nouvelle courbe au moyen des trapèzes formés par ses ordonnées et en divisant cette aire par 365, nombre des jours de l'année. On calculerait de même le module diurne par saison, et si M désigne en général le module diurne T_n, T_{n-1} représentant les temps qui correspondent aux débits diurnes Q_n, Q_{n-1}, on aurait,

$$M = \frac{\Sigma\left(\frac{Q_n + Q_{n-1}}{2}\right)\left(T_n - t_{n-1}\right)}{\Sigma\left(T_n - T_{n-1}\right)}.$$

Le module M_1 par seconde aurait pour expression

$$M_1 = \frac{M}{86,400},$$

puisqu'il y a 86,400 secondes dans la journée de 24 heures.

On pourrait d'ailleurs simplifier encore, dans certains cas, par exemple pour les cours d'eau n'ayant pas de grandes variations dans leurs débits, en prenant pour base, au lieu du débit diurne, le débit *diurne moyen par semaine,* soit le septième des débits de toute une semaine de 7 jours, ce qui réduirait à 52 le nombre des ordonnées d'une année et conduirait, en multipliant d'ailleurs chacune de ces ordonnées par 7, nombre des jours de la semaine, à des calculs de modules analogues à ceux que nous venons d'indiquer. Nous n'insistons pas davantage sur ces diverses combinaisons.

Prenons (pl. XI) pour exemple la courbe des débits diurnes

d'un des grands affluents de la Loire supérieure dans le département de la Loire, calculée pour 1858 d'après le procédé que nous venons d'indiquer, et montrons maintenant, au moyen de cette courbe particulière, combien l'usage des courbes des débits diurnes est fécond en pratique. Nous l'avons employé pour la première fois, en 1852, au canal de la Marne au Rhin, pour supputer les débits de la Sarre, de laquelle on dérivait, par une rigole, les eaux nécessaires à l'alimentation de ce beau bief de partage des Vosges, qui est tombé au pouvoir des Allemands avec notre malheureuse Alsace.

Supposons d'abord qu'il s'agisse de déterminer le degré de perméabilité de la vallée dans la région géologique correspondant à un poste donné d'observation, et prenons l'Anzon au poste dont la courbe des débits est donnée par la planche XI. Nous ferons le calcul par saison, afin de déterminer en même temps la variation du coefficient de perméabilité avec les saisons. Il s'agit ici purement et simplement de calculer, d'un côté, le cube total débité pendant chaque saison, ce qui se fait facilement au moyen de la courbe de la planche XI, et, d'un autre côté, le cube total d'eau tombée pendant le même temps, ce qui se fait, sans plus de difficultés, au moyen de la surface totale des versants d'amont du poste d'observation auquel s'applique la courbe et des hauteurs d'eau tombée résultant des indications d'un ou de plusieurs udomètres placés dans la région, suivant son étendue. Nous donnons dans une note ci-après, p. 45, les détails de ces calculs, qui sont, en ce qui concerne les débits, faciles à suivre sur la planche XI, et l'on arrive aux résultats suivants pour les coefficients cherchés ou rapports entre les cubes débités par le cours d'eau et les cubes fournis par la pluie :

Hiver	1,116
Printemps	0,586
Été	0,414
Automne	0,592
MOYENNE POUR TOUTE L'ANNÉE	0,626

Le terrain est granitique dans la région qui nous occupe, ce qui explique un coefficient moyen aussi fort; il est à peu près le double du coefficient moyen des terrains très-perméables.

Nous avons fait des expériences et des calculs analogues sur deux autres affluents de la Loire, le Furens et le Sornin, et les coefficients moyens que nous avons trouvés sur l'ensemble des trois cours d'eau sont, pour cinq ans d'expériences, et par conséquent pour des courbes des débits diurnes quinquennales :

Hiver	1,245
Printemps	0,681
Été	0,272
Automne	0,636
Moyenne annuelle	0,641

Nous avons eu d'ailleurs l'occasion de faire des observations du même ordre dans nos études sur l'alimentation du bief de partage des Vosges au canal de la Marne au Rhin, et l'on trouve, dans le mémoire que nous avons publié sur cette alimentation dans les Annales des ponts et chaussées (1856), les chiffres suivants, pour la région calcaire de l'étang de Gondrexange, réservoir du canal :

Hiver	0,862
Printemps	0,458
Été	0,323
Automne	0,491
Moyenne annuelle	0,493

Les terrains sont ici, comme on le voit, notablement plus perméables que les terrains primitifs sur lesquels nous avons opéré dans le département de la Loire; ils ne présentent d'ailleurs pas, comme ceux-ci, cette particularité que, pendant l'hiver, le cube débité dépasse le cube fourni par la pluie, particularité propre aux terrains peu perméables, et surtout à la région dans laquelle se trouvent les cours d'eau sur lesquels nous avons opéré dans le département de la Loire, région qui offre de très-grandes pluies d'automne [1], et dans laquelle les sources s'alimentent si puissamment dans cette saison de l'année qu'elles donnent un appoint complémentaire notable aux produits directs de la pluie pendant l'hiver.

Les courbes des débits diurnes permettent, comme on l'a dit plus haut, d'une manière générale, de calculer facilement les modules. Nous opérons toujours sur la courbe de la planche XI, et la note de la page 45 donne le détail des calculs. Il résulte de ces calculs, pour le poste auquel s'applique la courbe et pour l'année 1858, un cube total débité de 55,418,069^{mc},10, qui, divisé par 365, nombre des jours de l'année, donne pour cette année un *module diurne* ou débit moyen par jour de 151,830^{mc},33. Le module par seconde serait d'ailleurs ici $\frac{151,830,33}{86,400}$, soit de 1^{mc},53.

Le débit moyen constant du module diurne de 151,830^{mc},33 donne, sur la courbe des débits (pl. XI), une ligne AB marquée par un fort trait noir et parallèle à l'axe des temps. L'aire du rectangle formé par ces deux lignes parallèles et les deux ordonnées extrêmes est égale à l'aire de la courbe des débits entre les mêmes ordonnées limites, et la ligne représentant le module diurne ou débit moyen par jour est telle que la somme des aires teintées en jaune qui se trouvent au-dessus de cette ligne est égale à la somme des aires teintées en rose qui sont au-dessous. Cette ligne est ce que serait une ligne de compensation des déblais et des remblais dans les terrassements, de sorte que, si la vallée devait être aménagée pour l'industrie de manière à utiliser toutes ses eaux [2], le débit diurne de 151,830^{mc},33 correspon-

[1] Presque toutes les crues exceptionnelles de la Loire ont eu lieu au mois d'octobre.

[2] C'est ce qui arrive pour la vallée du Furens, où la ville de Saint-Étienne fait construire en ce moment un second réservoir, que nous avions indiqué comme travail d'avenir dans nos études sur celui qui existe déjà, et dont il a été question dans notre mémoire sur les réservoirs à alimentation variable.

dant à cette ligne de compensation serait ici le débit constant que l'on pourrait demander chaque jour à l'ensemble des réservoirs construits pour l'utilisation de toutes les eaux fournies par la rivière, en amont du poste d'observation auquel s'applique la courbe de la planche XI. *Le module diurne d'un cours d'eau est,* en un mot, *la limite du débit constant maximum possible par jour pour l'industrie et l'agriculture de son bassin.* Ce module est d'une grande utilité pratique, attendu qu'il écarte toute erreur d'appréciation des ressources qu'un cours d'eau peut fournir pour l'alimentation des canaux de navigation, d'irrigation ou d'usines, pour peu qu'on ait à sa disposition, pour le déterminer, les courbes des débits diurnes d'un certain nombre d'années. Il permet encore, connaissant la quantité d'eau que l'on doit dériver pour un réservoir destiné à alimenter un canal de navigation, par exemple, de calculer immédiatement, sans la moindre difficulté, le volume d'eau qui restera aux industries de la vallée; d'apprécier, par conséquent, si la dérivation en question leur cause un préjudice, et de donner, pour l'estimation de ce préjudice, s'il existe, une base certaine.

Supposons, par exemple, que les usines qui existent dans la vallée aient besoin, pour marcher à leur maximum, d'un débit diurne de 60,000 mètres cubes. Nous tracerons sur la planche XI la ligne horizontale A'B', correspondant à l'ordonnée 60,000, et le volume annuel disponible pour l'alimentation du canal, sans dommage pour les industries existantes, sera représenté par la surface du rectangle formé par les ordonnées AA', BB', et les lignes AB, A'B'. Le débit moyen par jour disponible serait d'ailleurs la différence entre les ordonnées 151,830^{mc},33 et 60,000 des deux horizontales AB, A'B', soit de 91,830^{mc},33. S'il fallait au canal plus de 91,830 mètres cubes par jour, par exemple 100,000 mètres cubes, on commencerait à causer des dommages, qu'il serait toujours facile d'apprécier en comparant le débit de 60,000 mètres cubes nécessaire pour les usines à celui de 51,830^{mc},33 qui resterait disponible pour elles, après déduction du débit total 151,830^{mc},33 des 100,000 mètres cubes qu'il faut au canal.

On voit, par le peu qui vient d'être dit, quelles fécondes applications peuvent présenter les courbes des débits pour l'étude du régime des rivières et pour l'exécution d'une importante catégorie de travaux publics.

Nous n'insisterons pas davantage sur ces applications si simples; nous rappellerons seulement que les courbes des débits diurnes, si utiles pour les questions de régime des réservoirs d'alimentation, ne sont plus suffisantes pour l'étude des réservoirs d'inondation. Il faut, dans ce dernier cas, avoir recours aux courbes des débits par seconde, et nous allons maintenant revenir à ces courbes, pour lesquelles il nous reste à établir quelques propriétés importantes, qui permettent de résoudre approximativement la question de l'influence d'un système de réservoirs d'inondation sur les crues d'une rivière.

Nous rappellerons d'ailleurs ici ce que nous avons déjà dit dans notre premier mémoire sur la forme des pertuis à adopter dans un pareil système : il faut que tous les pertuis fonctionnent d'eux-mêmes, et la meilleure disposition à adopter est de les faire débiter de fond avec charge sur le sommet. Tous les ingénieurs des services d'inondation sont tombés d'accord sur cette disposition générale, que nous supposons dès lors admise une fois pour toutes dans ce qui va suivre.

CHAPITRE II.

INFLUENCE D'UN SYSTÈME DE RÉSERVOIRS SUR LES CRUES D'UNE RIVIÈRE.

ARTICLE 1er.

RELATION DES AIRES ENTRE DEUX COURBES DES DÉBITS SUCCESSIVES.

Prenons deux courbes des débits de deux postes d'observation successifs (fig. 6, pl. IX), placées dans leurs positions horaires par rapport à l'origine de l'axe des temps, et considérons d'abord la période de croissance de la crue.

Le système peut être assimilé à celui d'un réservoir qui, dans un temps déterminé, reçoit le débit mesuré par l'aire de la courbe ABC calculée pour ce temps, et qui rend un débit mesuré par l'aire de la courbe A'B'C' prise entre les mêmes limites du temps, la différence entre ces deux volumes s'emmagasinant dans le lit de la rivière; on a donc toujours ici, comme nous l'avons du reste déjà dit plus haut, l'équation fondamentale

$$dV = (q - \varphi)\, dt,$$

et si nous désignons par t_n et t_{n-1} les temps entre lesquels nous considérons le mouvement, et par V_n et V_{n-1} les volumes emmagasinés dans le lit au bout de ces temps, on aura, en intégrant entre ces limites du temps,

$$\int_{t_{n-1}}^{t_n} q\,dt - \int_{t_{n-1}}^{t_n} \varphi\,dt = V_n - V_{n-1}.$$

La première des intégrales du premier membre de cette équation représente, sur la figure 6, pl. IX, l'aire *abnp*; la seconde l'aire *a'b'n'p'*, plus petite que la première, les valeurs de t_n et t_{n-1} étant représentées par les abscisses $Op = O'p'$ et $On = O'n'$.

Si nous considérons, au contraire, la période de décroissance, φ devient plus grand que q et V devient négatif; l'aire $a'_1b'_1n'_1p'_1$ devient plus grande que l'aire $a_1b_1n_1p_1$ de tout le volume que le lit de la rivière qui se vide entre les deux courbes des débits fournit à la courbe d'aval, et l'on aurait dans ce cas

$$\int_{t_{n-1}}^{t_n} \varphi\,dt - \int_{t_{n-1}}^{t_n} q\,dt = V_{n-1} - V_n,$$

t_n et t_{n-1} ayant maintenant pour valeurs les abscisses $Op_1 = O'p'_1$ et $On_1 = O'n'_1$.

Cette équation n'est autre chose, comme on le voit, que la précédente, dans laquelle on aurait changé tous les signes et qui reste dès lors l'équation générale s'appliquant à tous les cas.

La courbe A'B'C' représente le régime de la rivière au poste d'aval tel qu'il existe, et sans entrer dans le détail de l'apport des affluents dont cette courbe tient compte, puisqu'elle résulte des hauteurs observées à l'échelle de ce poste et placées dans leurs positions horaires sur la courbe des hauteurs observées, de laquelle se déduit, comme on l'a déjà suffisamment expliqué plus haut, la courbe des débits en fonction du temps.

Supposons maintenant que l'on veuille se rendre compte de la part apportée par chaque affluent. Il faut, pour cela, avoir une courbe des débits de la rivière un peu en amont de son confluent avec l'affluent. Supposons donc notre poste d'observation placé en amont et très-près de ce confluent, et conservons pour ce poste (fig. 7, pl IX) la courbe ABC donnée dans la figure 6. Soit $A_1B_1C_1$ la courbe des débits de l'affluent à son confluent avec la rivière principale. Le poste de cette courbe étant très-rapproché de celui de la courbe ABC, l'aire $a_1b_1n_1p_1$, prise sur la courbe $A_1B_1C_1$ de l'affluent entre les mêmes limites du temps que l'aire *abnp* sur la courbe ABC de la rivière, vient s'ajouter à cette dernière pour former l'aire $a'b'n'p'$ d'une courbe des débits de la rivière A'B'C' qui correspondrait à un poste d'observation situé, sur cette rivière, immédiatement en aval de son confluent avec l'affluent dont $A_1B_1C_1$ est la courbe des débits.

Cela est presque évident *a priori*, puisque ces aires représentent, comme on le sait, les volumes débités pendant le même temps. Or il est clair que dans ce cas le volume débité par la rivière en un point situé immédiatement à l'aval du confluent est la somme des volumes apportés à ce point par la rivière et par l'affluent. Dans notre mémoire sur la digue de Pinay, nous avions admis cette propriété comme évidente; mais on peut la démontrer, et cette démonstration aura, en outre, l'avantage de montrer entre quelles limites on peut l'appliquer avec exactitude.

Si q' désigne le débit par seconde de l'affluent, $\int_{t_{n-1}}^{t_n}(q+q')\,dt$ sera l'aire qui, dans les calculs précédents, était représentée par $\int_{t_{n-1}}^{t_n} q\,dt$, et l'équation générale deviendra ici

$$\int_{t_{n-1}}^{t_n} q\,dt + \int_{t_{n-1}}^{t_n} q'dt - \int_{t_{n-1}}^{t_n} \varphi\,dt = V_n - V_{n-1}.$$

Si la courbe d'aval A'B'C' était d'ailleurs très-rapprochée du confluent, on pourrait négliger l'emmagasinement dans le lit, emmagasinement insignifiant pour une très-petite distance, et l'on aurait

$$V_n - V_{n-1} = 0,$$

d'où

$$\int_{t_{n-1}}^{t_n} q\,dt + \int_{t_{n-1}}^{t_n} q'dt = \int_{t_{n-1}}^{t_n} \varphi\,dt,$$

c'est-à-dire que *l'aire de la courbe d'aval serait égale à la somme des aires de la courbe d'amont et de la courbe de l'affluent compris entre elles, les aires étant calculées pour les trois courbes entre les mêmes valeurs du temps.* Il est facile de voir d'ailleurs que l'équation précédente est satisfaite, d'une manière suffisante pour la pratique, par la condition

$$\varphi = q + q'.$$

Supposons, en effet, que l'intervalle $t_n - t_{n-1} = np$ (fig. 7, pl. IX) soit divisé en n secondes, et que les débits successifs, au bout de chacune de ces secondes, soient pour les trois courbes

$q_0, q_1, q_2, \ldots, q_n$, courbe d'amont;
$q'_0, q'_1, q'_2, \ldots, q'_n$, courbe de l'affluent;
$\varphi_0, \varphi_1, \varphi_2, \ldots, \varphi_n$, courbe d'aval.

On pourra considérer les arcs élémentaires de courbes correspondants à des différences d'abscisses de 1 seconde comme des lignes droites, de sorte que chacune des aires indiquées par l'équation générale sera la somme de tous les trapèzes élémentaires correspondants, et l'on aura, en définitive,

$$\int_{t_{n-1}}^{t_n} q\,dt = \frac{q_0}{2} + q_1 + q_2 + \cdots\cdots + \frac{q_n}{2},$$

$$\int_{t_{n-1}}^{t_n} q'\,dt = \frac{q'_0}{2} + q'_1 + q'_2 + \cdots\cdots + \frac{q'_n}{2},$$

$$\int_{t_{n-1}}^{t_n} \varphi\,dt = \frac{\varphi_0}{2} + \varphi_1 + \varphi_2 + \cdots\cdots + \frac{\varphi_n}{2},$$

de sorte que l'équation

$$\int_{t_{n-1}}^{t_n} q\,dt + \int_{t_{n-1}}^{t_n} q'\,dt = \int_{t_{n-1}}^{t_n} \varphi\,dt$$

pourra s'écrire ainsi qu'il suit :

$$\frac{\varphi_0}{2} + \varphi_1 + \varphi_2 + \cdots\cdots + \frac{\varphi_n}{2} = \frac{q_0 + q'_0}{2} + (q_1 + q'_1) + (q_2 + q'_2) + \cdots\cdots + \frac{q_n + q'_n}{2},$$

qui est satisfaite en posant

$$\varphi_0 = q_0 + q'_0$$
$$\varphi_1 = q_1 + q'_1$$
$$\cdots\cdots\cdots$$
$$\varphi_n = q_n + q'_n$$

soit, en général, par la relation

$$\varphi = q + q'.$$

On tire de cette relation la règle pratique très-simple pour déterminer les ordonnées de la courbe des débits de la rivière en aval d'un affluent, connaissant la courbe de cet affluent et celle de la rivière immédiatement en amont du confluent; *il suffit d'ajouter les deux ordonnées correspondantes de la courbe de la rivière et de celle de l'affluent à leur confluent, ces courbes étant placées dans leurs positions horaires, pour avoir les ordonnées de la courbe de la rivière située en aval du confluent.*

Si, au lieu d'un affluent, il y en avait plusieurs très-rapprochés, ce serait la somme de leurs ordonnées correspondantes et de l'ordonnée de la courbe de la rivière en amont du premier confluent qui donnerait l'ordonnée de la courbe d'aval de la rivière, propriété que nous avons déjà appliquée dans notre mémoire sur la digue de Pinay.

On arriverait du reste encore à ces règles par la considération, évidente *a priori*, que, les débits par seconde représentant les volumes d'eau fournis pendant une seconde, le débit à la jonction d'un affluent avec la rivière doit être la somme des deux débits simultanés des deux cours d'eau.

Le mode de procéder que nous venons d'établir deviendrait d'autant moins exact que l'on voudrait, au moyen des courbes d'amont, déterminer une courbe d'aval plus éloignée du confluent du dernier affluent, parce qu'alors on ne pourrait plus négliger l'emmagasinement $V_n - V_{n-1}$ dans le lit de la rivière, hypothèse qui nous a conduit à la règle pratique que nous venons d'établir; mais cette règle est tellement simple, qu'en l'absence de tout autre moyen d'évaluation les ingénieurs n'hésitent pas à l'appliquer encore sur d'assez grandes distances, pourvu que, sur la distance qui sépare le dernier affluent de la courbe résultante d'aval que l'on veut calculer sur la rivière, le lit ne présente pas de changements notables dans sa section transversale, et qu'il n'y ait aucun affluent nouveau dans l'intervalle.

ARTICLE 2.

INFLUENCE D'UN SYSTÈME DE RÉSERVOIRS PLACÉS SUR LA RIVIÈRE MÊME.

Nous avons maintenant tout ce qu'il nous faut pour essayer une solution approchée de la question de l'influence d'un système multiple de réservoirs sur le régime d'une rivière, et nous commencerons par supposer que ces réservoirs sont tous placés sur la rivière même, sauf à voir plus loin comment la question se modifie lorsqu'on les place en totalité ou en partie sur les affluents.

Nous avons donné, dans notre mémoire sur le mouvement des

eaux dans les réservoirs à alimentation variable, la solution exacte de cette question lorsqu'il ne s'agit que d'un seul réservoir et de son action à quelque distance en aval. Nous avons vu dans ce cas comment, la courbe des débits de la rivière à l'emplacement du barrage étant donnée, on calcule le pertuis de ce barrage et la courbe des débits du pertuis, qui devient ainsi la *transformée* de la courbe des débits que donnait la rivière avant l'établissement du réservoir.

Soient ABC, A'B'C', A''B''C'' (fig. 1, pl. X) les trois courbes des débits de trois postes successifs d'observation d'échelles hydrométriques, et supposons qu'au poste n° 1 on établisse un barrage dont le pertuis donne la transformée AMD de la courbe des débits primitive ABC. Nous avons indiqué en détail, dans notre premier mémoire, comment se calcule cette transformée, due à l'action d'un réservoir unique, et nous la supposerons dès lors déterminée ici. Cette courbe est, comme nous l'avons déjà rappelé, telle que l'aire ABMEA, retranchée de l'aire de la courbe des débits, par suite du remplissage du réservoir jusqu'à la rencontre en M de cette courbe et de sa transformée, est égale à l'aire MCDM, qui lui est ajoutée au delà de ce point, par suite de la vidange du réservoir.

Voyons maintenant l'effet que produira cette transformation, due à l'action du réservoir de la courbe des débits du poste n° 1 sur celle du poste n° 2, dont le maximum B' est séparé du maximum B primitif de la première par une durée de propagation égale à la différence B*m* des abscisses de ces deux points, représentant leurs positions horaires dans la marche générale de la crue.

La courbe A'B'C' se transformera en une courbe A'M'N'D' telle que l'aire A'B'M'E'A' soit égale à l'aire ABMEA retranchée de la courbe du poste n° 1 pendant le remplissage du réservoir, et que l'aire M'N'D'C'M', égale à l'aire A'B'M'E'A'=ABMEA, soit égale à l'aire MDCM, égale elle-même à l'aire ABMEA, cette aire MDCM étant celle qui est ajoutée à celle de la courbe des débits du poste n° 1, par suite de la vidange du réservoir. Il est évident, en effet, que le volume retenu par le réservoir du poste n° 1, volume représenté par l'aire ABMEA (fig. 1, poste n° 1), est retranché aussi du cube débité au poste n° 2 pendant un certain intervalle de temps, pour lui être rendu ensuite lorsque le réservoir se vide. Ce même volume se retrancherait et s'ajouterait aussi successivement au poste n° 3, et ainsi de suite. Mais, pendant qu'il a fallu au maximum B du 1er poste le temps Bm pour se transformer dans le maximum B′ du 2e poste, il faudra au point M, correspondant à un débit moindre que le maximum, pour se propager en M′ sur la courbe du second poste, un temps Mn, qui sera en général plus grand que Bm, d'après ce que nous avons dit plus haut sur les vitesses de propagation par rapport aux débits. *La transformée du 2e poste va donc aller en s'allongeant par rapport à celle du 1er.*

Si l'on considère le poste n° 3, le point M″ de rencontre de la courbe primitive et de sa transformée aura lieu plus tard encore que pour le poste n° 2, et la durée de propagation M′m' sera plus grande que Mn. La transformée va en s'aplatissant, et l'effet de réduction du débit maximum, par suite de l'action du réservoir du poste n° 1, va en s'atténuant de poste en poste vers l'aval. Les différences des ordonnées de la courbe primitive et de sa transformée, qui mesurent la réduction des débits, iront dès lors en diminuant, de sorte que l'on aurait $B''E'' < B'E' < BE$.

La propriété principale que l'on constate pour un réservoir unique, savoir la réduction certaine du débit dans une région prochaine en aval, subsiste donc toujours ici ; mais elle va en s'atténuant à mesure que l'on s'éloigne davantage du réservoir, puisque l'aire constante représentant l'emmagasinement du réservoir, qu'il faut successivement retrancher d'une partie de l'aire de la courbe des débits et ajouter à l'autre, allant en s'allongeant dans le sens horizontal, par suite de l'augmentation de la durée de propagation d'une courbe à la courbe suivante en aval, il faut nécessairement que cette aire aille en se resserrant dans le sens vertical, ce qui fait que les différences entre les débits maxima des courbes primitives et de leurs transformées vont en diminuant à mesure qu'on s'éloigne du réservoir. Ainsi la digue de Pinay, par exemple, produit, comme nous l'avons montré dans notre second mémoire, un effet notable sur les crues de la Loire à Roanne; mais il n'est pas du tout certain que cet effet puisse être encore appréciable au Bec-d'Allier, comme le pensait l'ingénieur Mathieu, qui a eu, dans le siècle de Louis XIV, l'idée d'établir cette digue.

On voit donc que *l'effet d'un réservoir unique établi dans la région supérieure d'un cours d'eau, qui protégerait d'une manière très-efficace toute la région prochaine en aval, peut finir par s'annuler à peu près complétement à une très-grande distance du point où il a été établi, et deviendrait à la rigueur entièrement nul si cette distance était infinie.*

Supposons maintenant qu'on établisse un second barrage au poste n° 2 (fig. 1, pl. X), le premier restant toujours établi au poste n° 1; il faudra prendre au poste n° 2, pour courbe primitive, la courbe A'M'D', transformée par l'action du premier réservoir, et opérer sur cette courbe comme nous avons opéré tout à l'heure sur la courbe ABC primitive du poste n° 1. La courbe des débits A'E'M'N'D'P' se transformerait dans la courbe A'N'P', les aires A'E'M'N'A' et N'P'D'N' étant égales entre elles et au cube emmagasiné par le nouveau réservoir, dont l'action transformerait les courbes A'M'D', A''M''D'' en des courbes A'N'P', A''N''P'' de plus en plus aplaties.

On voit donc qu'il faut commencer par déterminer les transformées résultant, aux différents postes, de l'établissement du réservoir du poste n° 1; si l'on établit un second réservoir au poste n° 2, ce sera sur les transformées de 1er ordre que ce réservoir devra agir. Il en résultera ainsi, pour tous les postes situés en aval du poste n° 2, une nouvelle série de transformées de 2e ordre, que l'on prendrait comme courbes primitives et sur lesquelles on opérerait comme précédemment, s'il y avait un troisième réservoir, et l'on arriverait ainsi à une série de transformées de 3e ordre, et ainsi de suite, de proche en proche, pour arriver enfin, au $n^{ième}$ et dernier poste, à une transformée de $n^{ième}$ ordre, qui, par sa comparaison avec la courbe des débits primitive de ce poste, indiquerait la réduction définitive du débit maximum. La courbe A''N''P'' est la résultante définitive au poste n° 3 de l'action combinée des deux réservoirs établis aux postes n° 1 et n° 2, et la réduction de débit due à cette action est mesurée par la différence B''F'' — N''L'' des ordonnées qui représentent le débit maximum avant et après l'établissement des deux réservoirs. Si l'on voulait d'ailleurs déterminer la réduction de hauteur de la crue correspondante, il suffirait de recourir à la courbe des hauteurs d'eau $a'''b'''n'''c'''$ qui a donné lieu à la courbe des débits primitive A''B''C'' de la rivière. Du point N'' on tracerait une parallèle N''n'' à l'axe des temps, qui rencontrerait en n'' la courbe des débits primitive, et l'ordonnée correspondante $n'''l'''$ de la courbe des hauteurs donnerait la hauteur d'eau correspondante au débit N''L''; la quantité dont l'action des deux réservoirs établis aux postes n° 1 et n° 2 diminuerait la hauteur de crue au poste n° 3 serait $b'''f''' - n'''l'''$.

On opérerait donc, comme nous venons de l'indiquer, de proche en proche, quel que soit le nombre des réservoirs, et l'on verrait que les transformées résultant de ce système d'opérations iraient toujours en s'aplatissant de plus en plus de l'amont à l'aval, à mesure que le nombre des réservoirs augmenterait.

Il résulte de ce qui vient d'être exposé que l'action d'un système de réservoirs sur la réduction des débits en aval a, quoiqu'elle aille en diminuant de l'amont à l'aval, encore une assez grande certitude, si ces réservoirs sont tous établis sur le cours d'eau lui-même; elle devient malheureusement beaucoup plus douteuse lorsque des retenues doivent être établies sur les affluents.

Le maximum d'un affluent à son confluent a lieu, en général, avant celui du cours d'eau dans lequel il tombe, au moins dans les crues occasionnées par des pluies générales, crues qui sont ordinairement les plus grandes, et cela s'explique par ce seul fait que la pente de l'affluent est plus forte et la distance de la source au confluent moindre. Il peut donc se faire que, suivant le plus ou moins d'intervalle des deux maxima, la courbe des débits de l'affluent, transformée par l'action des réservoirs établis sur cet affluent, augmente au lieu de diminuer le maximum de la courbe des débits de la rivière placée immédiatement en aval du point de rencontre des deux cours d'eau, maximum qui est situé quelque part entre le maximum de la rivière et celui de l'affluent à leur confluent. Il y a donc là des conditions à déterminer pour que les retenues de l'affluent soient réellement utiles.

ARTICLE 3.

DÉTERMINATION DES CONDITIONS D'UTILITÉ DES RÉSERVOIRS D'AFFLUENTS.

La détermination de ces conditions a été établie par plusieurs des ingénieurs qui ont concouru aux études d'inondation; mais la démonstration la plus élégante qui en ait été donnée est celle qui a été indiquée par M. Kleitz dans le mémoire qu'il produisit le 30 janvier 1858 à l'appui des études d'inondation du Rhône, dont il était alors ingénieur en chef. Nous ne pouvons mieux faire que de la reproduire ici, et M. Kleitz nous y a d'ailleurs autorisé.

Soit ABC (fig. 2, pl. X) la courbe des débits de la rivière dont les ordonnées sont, comme précédemment, rapportées de bas en haut. Rapportons la courbe de l'affluent à son confluent de haut en bas, son maximum B_1 en avance sur le maximum B de la courbe de la rivière elle-même et correspondant à une abscisse $O_1F_1 < OF$.

Les ordonnées de la courbe des débits de la rivière, immédiatement en aval du confluent, seront, d'après la règle établie plus haut, les sommes des ordonnées correspondantes des deux courbes ABC et $A_1B_1C_1$, ce qui indique de suite que le débit maximum de la courbe résultante aura lieu en un point situé entre les maxima des deux courbes composantes ABC, $A_1B_1C_1$, et si ces deux courbes arrivaient au contact, ce maximum serait placé sur l'ordonnée passant par le point de contact R, et l'ordonnée de la courbe résultante serait

$$PP_1 = RP + RP_1.$$

Le débit maximum en aval d'un confluent se compose donc, en général, d'un débit décroissant de l'affluent et d'un débit croissant du cours d'eau principal. *Pour que la retenue faite sur l'affluent abaisse le débit maximum en aval du confluent, il faut donc qu'elle diminue ses débits dans la première partie de la période descendante. On a vu d'ailleurs en détail, dans notre premier mémoire, que, pour qu'une retenue faite sur le cours d'eau principal fût utile, il fallait qu'elle diminuât le débit de la période ascendante de la crue.*

Il suit de là que, si l'on établissait une retenue sur l'affluent, il faudrait que la transformée $A_1M_1C_1$ (fig. 2) ne coupât point la courbe ABC que donne la rivière immédiatement en amont du confluent, et que l'ordonnée de son maximum fût plus petite que BR_1 ; d'où suit que, *pour qu'une retenue d'affluent soit utile sur le cours d'eau principal, il faut que cette retenue modifie la courbe de l'affluent de manière que son maximum n'ait plus aucune avance sensible sur celui de la courbe du cours d'eau principal.* Il résulterait encore de là que la meilleure disposition des retenues d'un réseau d'affluents de divers ordres serait celle qui consisterait à *barrer chaque affluent en amont de son confluent avec l'affluent d'ordre immédiatement moindre.*

La transformée du cours d'eau principal conserverait alors la même forme générale que si les retenues ne se faisaient que sur le cours d'eau lui-même, cas où elles ont, comme on l'a vu plus haut, leur maximum d'utilité.

ARTICLE 4.

DÉTAILS DES PROCÉDÉS DE TRANSFORMATION DES COURBES DE DÉBITS.

Nous venons d'exposer les règles générales de transformation des courbes des débits par suite de l'établissement d'un système multiple de réservoirs sur un cours d'eau et sur ses affluents; il nous reste maintenant à entrer dans le détail des procédés pratiques que l'on peut employer pour arriver aux transformées successives.

Ce qui complique la question, c'est la variation de la vitesse de translation avec les débits. Si on la supposait constante et égale à celle du maximum, on arriverait à un procédé très-simple de transformation entre deux courbes successives des débits.

Prenons, par exemple, les postes n°s 1 et 2 de la figure 1, pl. X; on aurait, dans cette hypothèse, G'F' = GF et F'K' = FK, de sorte que, connaissant le point E de la transformée du poste n° 1, on aurait le point E' correspondant de la transformée du poste n° 2, en portant BE à partir de B' sur l'ordonnée B'F', ce qui déterminerait le point E', pour lequel on aurait B'E' = BE. On opérerait de même sur toute ordonnée également distante de celle du maximum sur les deux courbes, ce qui permettrait de déterminer très-simplement par points la transformée du poste n° 2, connaissant celle du poste d'amont n° 1. On déterminerait de même la transformée au poste n° 3, et ainsi de suite; mais ce procédé donne des atténuations trop grandes, attendu qu'il ne tient aucun compte de l'aplatissement successif des courbes par suite de la variation de la vitesse de translation. Il devient donc d'autant plus inexact que l'on s'éloigne davantage vers l'aval. Quelques ingénieurs du service des inondations l'ont employé, en désespoir de cause, pour tous les cas. Il ne peut, il faut bien le dire, être regardé que comme une très-grossière approximation, et nous allons en indiquer un qui nous paraît plus exact.

Nous avons indiqué à l'article 2 du chapitre Ier le procédé pratique qui permet de déterminer approximativement, entre deux postes donnés, les durées de la propagation des divers débits, de sorte que nous pouvons ici (fig. 1, pl. X), les trois points A, M et D qui sont communs à la courbe des débits ABC et à sa transformée AMD étant donnés, déterminer, au moyen de la table dont nous avons parlé plus haut et calculée une fois pour toutes pour le poste auquel se rapporte la courbe ABC, les points correspondants A', M', D' sur la courbe A'B'C', et ces trois points appartiendront en même temps à sa transformée. Ainsi, pendant que le maximum B se transporte en B' du poste n° 1 au poste n° 2 de la différence B*m* des abscisses horaires de ces deux points, le point A se transportera en A' de la quantité A*r*, le point M en M' de la quantité M*n*, et le point D en D' de la quantité D*l*, ces quantités n'étant autre chose que les durées de propagation des débits AG, MK et DI de la courbe ABC du poste n° 1, qui vont se transformer dans les débits A'G', M'K' et D'I' de la courbe A'B'C' du poste n° 2.

Il suit de là que, les points A, M et D étant déterminés, la position des points A', M', D' s'ensuivra, et il faudra ensuite tracer la courbe A'E'M'N'D', passant par ces trois points de manière que l'aire A'B'M'E'A' soit égale à l'aire ABMEA, et que les aires A'B'M'E'A' et M'N'D'M' soient aussi égales entre elles.

La forme de la courbe AMD servira d'ailleurs de guide dans le tracé de la courbe A'M'D', de même forme, mais plus aplatie, tracé qui se rectifiera facilement, après un ou deux tâtonnements, au moyen des aires ABMEA et A'B'M'E'A', dont elle doit assurer l'égalité et dont la première est connue. Le calcul de tâtonnement de ces aires se fait très-rapidement en remplaçant, comme nous l'avons déjà dit plus haut, les courbes par des polygones.

Nous n'hésitons pas à regarder ce procédé de tracé de la transformée comme notablement plus exact que le procédé, assez généralement employé, que nous avons indiqué plus haut, et qui suppose la vitesse de propagation constante, quel que soit le débit, hypothèse qui est le plus souvent en désaccord complet avec la réalité des faits, et qui ne peut dès lors conduire qu'à des résultats tout à fait contestables.

ARTICLE 5.

TRANSFORMÉE DÉFINITIVE RÉSULTANT D'UN SYSTÈME MULTIPLE DE RÉSERVOIRS.

On sait maintenant opérer sur les courbes des débits primitives toutes les transformations que nécessitera l'établissement de réservoirs successifs sur un cours d'eau, et l'on arrivera ainsi, pour chaque poste d'observation de ce cours d'eau, à une transformée dont le maximum, comparé à celui de la courbe primitive des débits, mesurera, à ce poste, la réduction de débit due à l'établissement du système de retenues projeté sur le cours d'eau. Il sera d'ailleurs toujours facile, ainsi que nous l'avons déjà montré en détail plus haut, de passer des débits aux hauteurs d'eau correspondantes, puisque l'on connaît, à chaque poste, la courbe des hauteurs qui a servi au calcul de la courbe des débits en fonction du temps; de sorte que, si q_m représente, dans un poste donné, le débit maximum primitif, h_m la hauteur correspondante, et si q_n et h_n sont le débit et la hauteur correspondants dus à l'action des réservoirs, la réduction de débit au poste que l'on considère sera

$$q_m - q_n,$$

et la réduction de hauteur correspondante

$$h_m - h_n.$$

On arrive d'ailleurs toujours, au moyen de la succession d'opérations que nous avons indiquée, à une dernière transformée, au dernier poste d'observation, qui donne le résultat final de l'ensemble du système de réservoirs établi sur le cours d'eau.

ARTICLE 6.

TRANSFORMÉE DANS LE CAS OÙ IL Y A DES RÉSERVOIRS D'AFFLUENT.

Il nous reste à indiquer maintenant comment on opérera lorsque des retenues seront établies sur les affluents.

Supposons donc que sur un des affluents principaux on établisse un certain nombre de retenues. On pourra, en appliquant les règles établies plus haut, déterminer la transformée finale $A_1M_1D_1$ de l'affluent (fig. 3, pl. X) qui résultera de ce système de réservoirs pour un poste d'observation placé un peu en amont et très-près du confluent de l'affluent que l'on considère avec le cours d'eau principal. D'un autre côté, on déterminera la transformée finale AMD, que les retenues faites sur le cours d'eau principal produiront à l'amont et très-près du confluent des deux cours d'eau.

Soit A'B'C'D' (fig. 3, pl. X) la courbe des débits primitive du cours d'eau principal au poste situé en aval et très-près de ce même confluent. Nous avons vu plus haut que, dans ce cas, chaque ordonnée horaire de cette courbe est la somme des ordonnées horaires correspondantes de la courbe ABCD de la rivière et de la courbe $A_1B_1C_1D_1$ de l'affluent à leur confluent. Il en sera évidemment de même de leurs courbes transformées, de sorte que la somme des ordonnées ab, a_1b_1, correspondant sur les transformées AMD et $A_1M_1D_1$ des courbes ABCD et $A_1B_1C_1D_1$ à la même abscisse, donneront l'ordonnée correspondante $a'b'$ de la transformée de la courbe A'B'C'D', et l'on aurait $a'b' = ab + a_1b_1$, ce qui, ab et a_1b_1 étant connus, déterminerait $a'b'$ et par conséquent le point a' de la transformée de la courbe A'B'C'D'. Cette transformée se détermine ainsi tout entière au moyen des deux autres.

On peut donc maintenant, d'affluent en affluent, en ayant toujours une courbe des débits de la rivière un peu en amont, une un peu en aval du confluent avec chaque affluent sur lequel sont projetés des réservoirs, et une courbe de l'affluent très-près du confluent, combiner toutes les retenues qu'il peut y avoir sur des affluents de divers ordres avec celles qui seraient établies sur le cours d'eau lui-même, et déterminer, en définitive, de proche en proche, à chaque poste donné, tant sur les affluents que sur la rivière principale, et, en fin de compte, vers l'embouchure ou au dernier poste de celle-ci, les réductions de débit et de hauteur des crues auxquelles conduirait l'ensemble du système de retenues projeté, et apprécier ainsi tous ses résultats, tant comme défenses locales à chaque poste d'observation, que comme résultat général sur l'ensemble du bassin du cours d'eau.

En ce qui concerne les retenues d'affluents, il faudra d'ailleurs se rappeler qu'elles peuvent, comme on l'a démontré plus haut, devenir inutiles ou même nuisibles, suivant la position du maximum de la transformée au confluent par rapport à celui de la rivière, et il faudra dès lors, lorsqu'on sera arrivé à la transformée finale de chaque affluent, commencer par bien vérifier, au moyen de sa comparaison avec la courbe des débits de la rivière un peu en amont du confluent ou de sa transformée, dans le cas où des réservoirs seront établis aussi sur les cours d'eau d'ordre supérieur dans lesquels se jette l'affluent, si le système de retenues de l'affluent a bien pour résultat d'atténuer le débit sur le cours d'eau principal.

ARTICLE 7.

SUR LE DEGRÉ DE CERTITUDE DES PROCÉDÉS EMPLOYÉS.

Nous ferons remarquer maintenant que, si toutes les retenues pouvaient être faites sur la rivière elle-même, les procédés de transformation que nous avons indiqués conduiraient, sinon à une appréciation exacte, ce qui est absolument impossible ici, au moins à une mesure approchée de l'effet réel de ce système de retenues, et les résultats, exacts lorsqu'il n'y a qu'une seule retenue, le deviendraient toujours d'autant moins que le nombre des retenues augmenterait; on est obligé, en effet, alors, au lieu d'opérer sur les courbes des débits primitives, d'opérer sur leurs transformées, qui, en raison de la nature des procédés de transformation employés, n'offrent déjà plus la garantie absolue des courbes naturelles déterminées directement d'après les observations hydrométriques. Ainsi la première transformée de la courbe des débits à l'emplacement du poste n° 1, où est établi le premier réservoir, peut se calculer à peu près rigoureusement en appliquant la théorie exposée dans notre premier mémoire sur les réservoirs à alimentation variable; la transformée de la courbe des débits du poste n° 2, par suite de l'action de ce premier réservoir, offre déjà un peu moins de certitude, eu égard aux procédés de transformation que l'on est obligé d'employer, et l'incertitude augmente de poste en poste, à mesure que l'on s'éloigne davantage du poste n° 1. Si, de plus, il faut transformer, par suite de l'établissement de plusieurs réservoirs successifs, des transformées elles-mêmes en de nouvelles transformées, il en résulte une nouvelle source d'incertitude. Enfin, si les retenues d'affluents viennent encore compliquer la question, les chances d'erreur arrivent évidemment à leur maximum.

ARTICLE 8.

OPINION SUR LES EFFETS À ATTENDRE D'UN SYSTÈME MULTIPLE DE RÉSERVOIRS.

Il est de toute évidence, d'après ce qui vient d'être dit sur la nature des procédés de transformation que l'on est obligé d'employer, ces procédés étant d'ailleurs portés au maximum d'exactitude qu'ils puissent comporter, que, en définitive, chaque fois qu'il s'agira d'un système multiple de réservoirs, placés tant sur les affluents que sur le cours d'eau principal, il sera difficile d'avoir une grande confiance dans les résultats, et cette confiance, qui doit être absolue lorsqu'il n'y a qu'un seul réservoir, va en diminuant à mesure que le nombre des réservoirs augmente.

Si l'on n'opérait que sur le cours d'eau principal, on aurait, dans le cas d'un système multiple, la certitude d'une atténuation réelle, lors même que l'on n'aurait pas celle que cette atténuation pût être très-exactement calculée d'avance, eu égard à la nature des procédés de transformation que l'on est obligé d'employer; il y aurait toujours, dans ce cas, un bien à attendre, et le système de réservoirs multiples pourrait dès lors s'admettre; mais s'il s'agit de fleuves comme le Rhône et la Loire, il est à peu près impossible d'établir des réservoirs sur le cours d'eau principal. Ils causeraient, en effet, dans ces riches vallées des dommages permanents, qui, ajoutés à l'énorme dépense de leur établissement, produiraient un capital dont la charge à supporter par la fortune publique serait infiniment plus lourde que celle des dommages périodiques que l'on voudrait empêcher, et qui sont beaucoup moindres qu'on ne le croit généralement.

Si l'on admet les réservoirs d'affluents, la dépense sera moindre, mais l'effet beaucoup plus douteux. Il peut arriver d'ailleurs, comme on ne peut jamais faire les calculs que sur la plus grande crue connue, qu'il survienne quelque jour une crue plus importante encore, ou deux crues très-rapprochées, qui changeraient les positions horaires des transformées des affluents à leurs confluents.

Il pourrait donc arriver que certains réservoirs devinssent inutiles et même nuisibles, et que l'effet général fût, sinon supprimé, du moins singulièrement réduit, et qu'il y eût pour le moins quelques effets locaux désastreux, par suite de la mauvaise arrivée des eaux de certains réservoirs.

Au point où nous en sommes arrivé maintenant, nous pouvons formuler notre opinion sur la question des réservoirs appliqués à l'atténuation des crues.

L'effet d'un réservoir unique sur une région prochaine en aval est absolument certain, et peut se calculer avec un degré suffisant d'exactitude par les principes indiqués dans notre mémoire sur le mouvement des eaux dans les réservoirs à alimentation variable. Ainsi le réservoir du Furens protége, d'une manière absolue, contre les inondations de cette rivière, la ville de Saint-Étienne, qui est située à 8 kilomètres environ en aval. Le réservoir formé sur la Loire par la digue de Pinay assure une protection relative, assez importante encore, à la ville de Roanne, quoiqu'elle soit située à 33 kilomètres environ en aval.

Nos deux mémoires précédents ne nous paraissent pas pouvoir laisser de doute sur cette première conclusion de l'efficacité prochaine, comme défense locale, d'un réservoir unique, efficacité qui diminue d'ailleurs pour les autres localités situées à l'aval, à mesure qu'elles s'éloignent davantage du réservoir.

Quand le nombre des réservoirs se multiplie, leur effet utile reste toujours certain, quoique plus difficile à évaluer d'une manière exacte, à condition que ces réservoirs soient tous établis sur le cours d'eau principal.

Enfin, dans le cas où les réservoirs seraient placés sur les affluents, ou simultanément sur les affluents et le cours d'eau principal, les incertitudes augmentent tellement avec le nombre des réservoirs, que ce système ne serait tout au plus admissible que dans le cas d'un très-petit nombre de réservoirs sur les plus grands affluents, et dans des circonstances absolument spéciales.

Il résulte de là que l'idée de remédier aux crues par un système multiple de réservoirs disséminés sur tous les affluents des fleuves ne saurait être admise que sous un très-sévère bénéfice d'inventaire, et que, si l'effet d'un réservoir unique est certain, comme défense locale, celui d'un très-grand nombre de retenues reste douteux, et par conséquent redoutable. Aussi a-t-on dû y renoncer sur le Rhône et sur la Loire, et, sur ce dernier fleuve, on en est arrivé, en définitive, à projeter un système de déversoirs dans les levées pour régler l'inondation des vals, au lieu d'un système de réservoirs destinés à l'atténuer, qui avait été étudié après la crue de 1856.

Ce parti est le plus sage, à notre avis, que l'Administration des travaux publics aurait à prendre, et il sera de beaucoup le plus économique, ainsi que M. l'ingénieur en chef Deglaude l'a, du reste, démontré dans un intéressant écrit qu'il a publié en 1872 sur la question des inondations.

NOTE.

CALCUL ANNUEL DES AIRES DE LA COURBE DES DÉBITS DE L'ANZON AU PONT SAINT-JULIEN, POUR 1858.

HIVER.

$$\frac{64\,627.20+146\,880.00}{2}\times 35 = 3\,701\,376.00$$

$$\frac{146\,880.00+158\,284.80}{2}\times 1 = 152\,582.40$$

$$\frac{158\,284.80+142\,041.60}{2}\times 5 = 750\,816.00$$

$$\frac{142\,041.60+160\,358.40}{2}\times 1 = 151\,200.00$$

$$\frac{160\,358.40+127\,526.40}{2}\times 3 = 431\,827.20$$

$$\frac{127\,526.40+137\,203.20}{2}\times 16 = 2\,117\,836.80$$

$$\frac{137\,203.20+183\,859.80}{2}\times 1 = 160\,531.50$$

$$\frac{183\,859.80+165\,542.40}{2}\times 4 = 698\,804.40$$

$$\frac{165\,542.40+194\,918.40}{2}\times 2 = 360\,460.80$$

$$\frac{194\,918.40+164\,505.60}{2}\times 4 = 718\,848.00$$

$$\frac{164\,505.60+956\,966.40}{2}\times 2 = 1\,121\,472.00$$

$$\frac{956\,966.40+244\,684.80}{2}\times 5 = 3\,004\,128.00$$

$$\frac{244\,684.80+160\,358.40}{2}\times 11 = 1\,227\,737.60$$

TOTAUX..... 90 — 14 597 620.70

PRINTEMPS.

$$\frac{160\,358.40+407\,462.40}{2}\times 3 = 851\,731.20$$

$$\frac{407\,462.40+217\,036.80}{2}\times 2 = 624\,499.20$$

$$\frac{217\,036.80+343\,180.80}{2}\times 1 = 280\,108.80$$

$$\frac{343\,180.80+244\,684.80}{2}\times 2 = 587\,865.60$$

$$\frac{244\,684.80+239\,155.20}{2}\times 3 = 725\,760.00$$

$$\frac{239\,155.20+165\,542.40}{2}\times 4 = 809\,395.20$$

$$\frac{165\,542.40+122\,688.00}{2}\times 10 = 1\,441\,152.00$$

$$\frac{122\,688.00+98\,496.00}{2}\times 5 = 552\,960.00$$

$$\frac{98\,496.00+147\,916.80}{2}\times 2 = 246\,412.80$$

$$\frac{147\,916.80+122\,688.00}{2}\times 2 = 270\,604.80$$

$$\frac{122\,688.00+217\,036.80}{2}\times 4 = 679\,449.60$$

$$\frac{217\,036.80+158\,284.80}{2}\times 2 = 375\,321.60$$

$$\frac{158\,284.80+153\,100.80}{2}\times 5 = 778\,464.00$$

$$\frac{153\,108.80+164\,505.60}{2}\times 1 = 158\,803.20$$

$$\frac{164\,505.60+98\,496.00}{2}\times 8 = 1\,052\,006.40$$

$$\frac{98\,496.00+815\,270.40}{2}\times 1 = 456\,883.20$$

$$\frac{815\,270.40+178\,239.60}{2}\times 3 = 1\,490\,400.00$$

$$\frac{178\,239.60+88\,819.20}{2}\times 11 = 1\,469\,318.40$$

$$\frac{88\,819.20+127\,526.40}{2}\times 2 = 216\,345.60$$

$$\frac{127\,526.40+69\,465.60}{2}\times 20 = 1\,969\,920.00$$

TOTAUX..... 91 — 15 037 401.60

ÉTÉ.

$$\frac{69\,465.60+40\,435.20}{2}\times 9= 493\,203.60$$

$$\frac{40\,435.20+88\,819.20}{2}\times 2= 129\,254.40$$

$$\frac{88\,819.20+40\,435.20}{2}\times 4= 258\,508.80$$

$$\frac{40\,435.20+25\,920.00}{2}\times 30= 995.328.00$$

$$\frac{25\,920.00+1\,555\,545.60}{2}\times 1= 790\,732.80$$

$$\frac{1\,555\,545.60+160\,358.40}{2}\times 1= 857\,952.00$$

$$\frac{160\,358.40+137\,203.20}{2}\times 4= 595\,123.20$$

$$\frac{137\,203.20+149\,990.40}{2}\times 2= 287\,193.60$$

$$\frac{149\,990.40+122\,688.00}{2}\times 13=1\,772\,409.60$$

$$\frac{122\,688.00+137\,203.20}{2}\times 4= 519\,782.40$$

$$\frac{137\,203.20+64\,627.20}{2}\times 8= 807\,321.60$$

$$\frac{64\,627.20+88\,819.20}{2}\times 11= 843\,955.20$$

$$\frac{88\,819.20+74\,304.00}{2}\times 3= 244\,684.80$$

TOTAUX..... 92 8 595 450.00

AUTOMNE.

$$\frac{74\,304.00+64\,627.20}{2}\times 9= 625\,190.40$$

$$\frac{64\,627.20+149\,990.40}{2}\times 2= 214\,617.60$$

$$\frac{149\,990.40+64\,627.20}{2}\times 7= 751\,161.60$$

$$\frac{64\,627.20+149\,990.40}{2}\times 2= 214\,617.60$$

$$\frac{149\,990.40+113\,011.20}{2}\times 1= 131\,500.80$$

$$\frac{113\,011.20+64\,627.20}{2}\times 22= 854\,022.40$$

$$\frac{64\,627.20+155\,174.40}{2}\times 8= 879\,206.40$$

$$\frac{155\,174.40+137\,203.20}{2}\times 5= 730\,944.00$$

$$\frac{137\,203.20+343\,180.80}{2}\times 3= 720\,576.00$$

$$\frac{343\,180.80+155\,174.40}{2}\times 17=4\,236\,019.20$$

$$\frac{155\,174.40+156\,211.20}{2}\times 3= 467\,078.40$$

$$\frac{156\,211.20+170\,726.40}{2}\times 2= 326\,937.60$$

$$\frac{170\,726.40+165\,542.40}{2}\times 4= 672\,537.60$$

$$\frac{165\,542.40+1\,591\,488.00}{2}\times 3=2\,635\,545.60$$

$$\frac{1\,591\,488.00+272\,332.80}{2}\times 4=3\,727\,641.60$$

TOTAUX..... 92 17 187 596.80

NOTA. — Les ordonnées qui figurent ici sont les valeurs de $Q=\int_{t_0}^{t_n} q\,dt$ calculées pour chaque journée; ces calculs étant de même nature que ceux dont le détail est donné dans cette note, on n'a pas jugé nécessaire d'en reproduire ici autre chose que les résultats, qui sont les ordonnées de la figure de la planche XI, et qui servent aux calculs indiqués ci-dessus.

RÉCAPITULATION.

SAISONS.	NOMBRE DE JOURS.	DÉBITS TOTAUX.	OBSERVATIONS.
Hiver	90	14 597 620.70	Le module ou débit moyen par jour serait
Printemps	91	15 037 401.60	$\frac{55\ 418\ 069.10}{365} = 151\ 830.33$
Été	92	8 595 450.00	
Automne	92	17 187 596.80	
TOTAUX GÉNÉRAUX.	365	55 418 069.10	

CALCUL DES QUANTITÉS D'EAU TOMBÉES.

D'après les observations diurnes faites en 1858 à l'udomètre de Feurs, le plus voisin du poste d'observation du pont Saint-Julien, les hauteurs d'eau tombées se sont réparties ainsi qu'il suit, et comme la superficie des versants qui alimentent l'Anzon au poste du pont Saint-Julien est de 150 kilomètres carrés, on établit les quantités d'eau tombées dans chaque saison :

SAISONS.	HAUTEURS D'EAU TOMBÉES.	SUPERFICIE DES VERSANTS.	CUBES D'EAU TOMBÉS.
Hiver	$0^m,0872$	150^{kq}	$13\ 080\ 000^{mc},00$
Printemps	$0^m,1709$	150	$25\ 635\ 000^{mc},00$
Été	$0^m,1383$	150	$20\ 745\ 000^{mc},00$
Automne	$0^m,1935$	150	$29\ 025\ 000^{mc},00$
TOTAUX	$0^m,5899$		$88\ 485\ 000^{mc},00$

RAPPORT DES QUANTITÉS D'EAU DÉBITÉES AUX QUANTITÉS TOMBÉES.

SAISONS.	QUANTITÉS DÉBITÉES.	QUANTITÉS TOMBÉES.	RAPPORT DES CUBES DÉBITÉS aux cubes tombés.
Hiver	$14\ 597\ 620^{mc},70$	$13\ 080\ 000^{mc},00$	1,116
Printemps	$15\ 037\ 401^{mc},60$	$25\ 635\ 000^{mc},00$	0,586
Été	$8\ 595\ 450^{mc},00$	$20\ 745\ 000^{mc},00$	0,414
Automne	$17\ 187\ 596^{mc},80$	$29\ 025\ 000^{mc},00$	0,592
TOTAUX	$55\ 418\ 069^{mc},10$	$88\ 485\ 000^{mc},00$	0,626

CORRECTION.

L'équation donnée par M. Kleitz pour le mouvement à débit variable, et qui est indiquée dans la note A jointe au mémoire sur la digue de Pinay, doit être écrite ainsi qu'il suit :

$$\frac{dz}{ds} = \frac{1}{g\omega}\frac{d\omega}{dt}\left(\frac{dq}{d\omega} - \frac{2q}{\omega}\right) - \frac{1}{g}\frac{q^2}{\omega^3}\frac{d\omega}{ds} + \frac{\chi q^2}{\omega^3}\left(\alpha\frac{\omega}{q} + \beta\right).$$

TABLE DES MATIÈRES.

Planche IX.

Fig. 1.
Axe des débits q.
Axe des hauteurs h.
Fig. 2.
Axe des q.
Axe des h.
Courbe des débits
Courbe des hauteurs.
Axe des temps.
Fig. 3.
Fig. 4.
Fig. 4 bis.
Fig. 5.
Poste n° 1.
Poste n° 2.
Fig. 6.
Fig. 7.

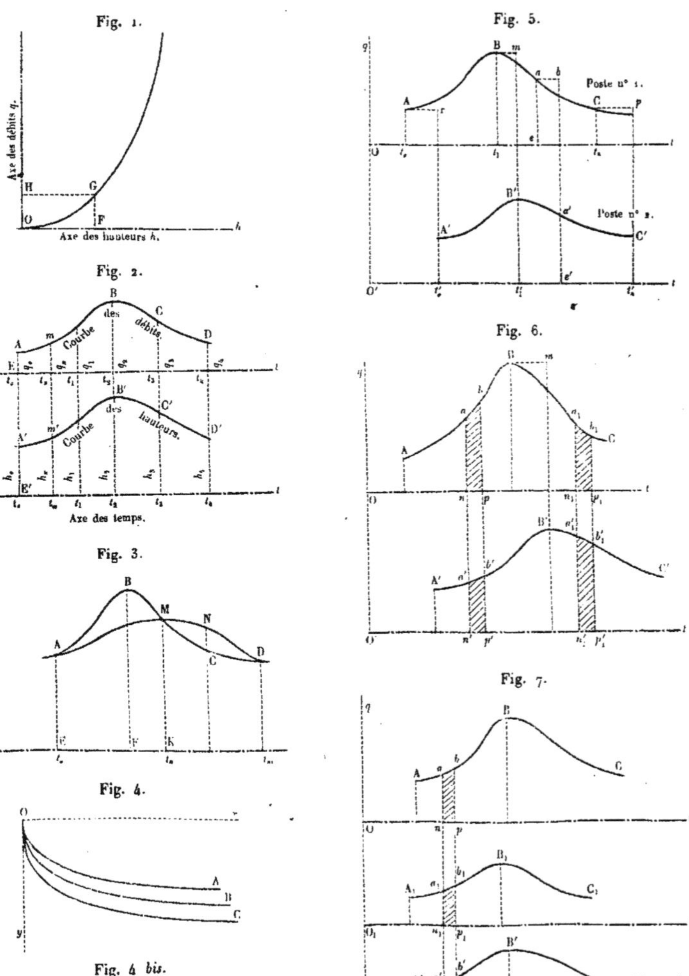

Fig. 1.

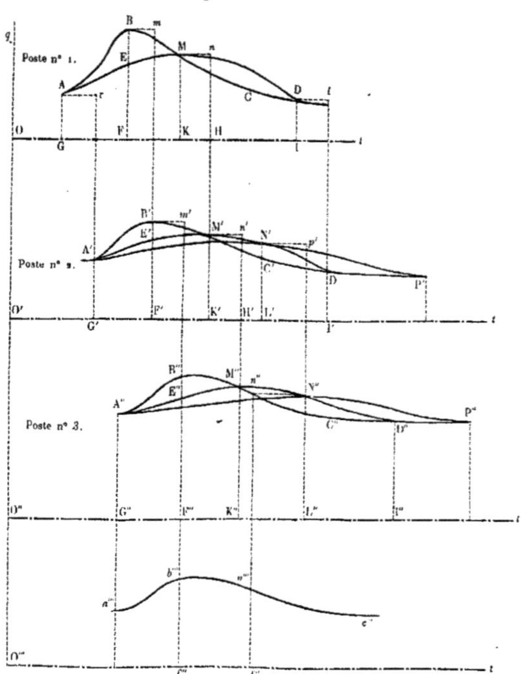

Fig. 2.

Fig. 3.

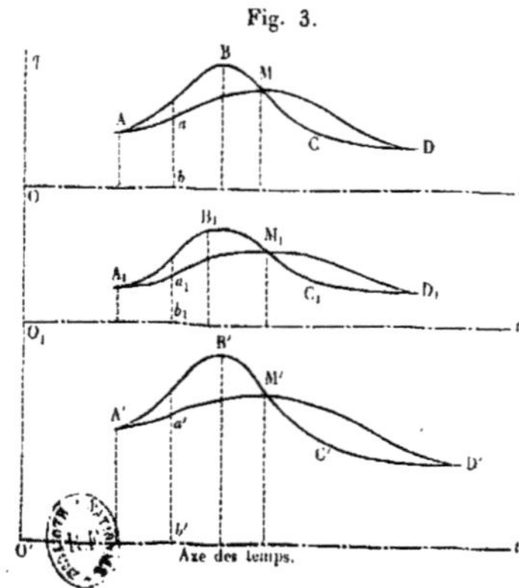

Planche XI.

COURBE DES DÉBITS DIURNES DE L'ANZON, AFFLUENT DU LIGNON, AU POSTE DU PONT SAINT-JULIEN, POUR 1858.

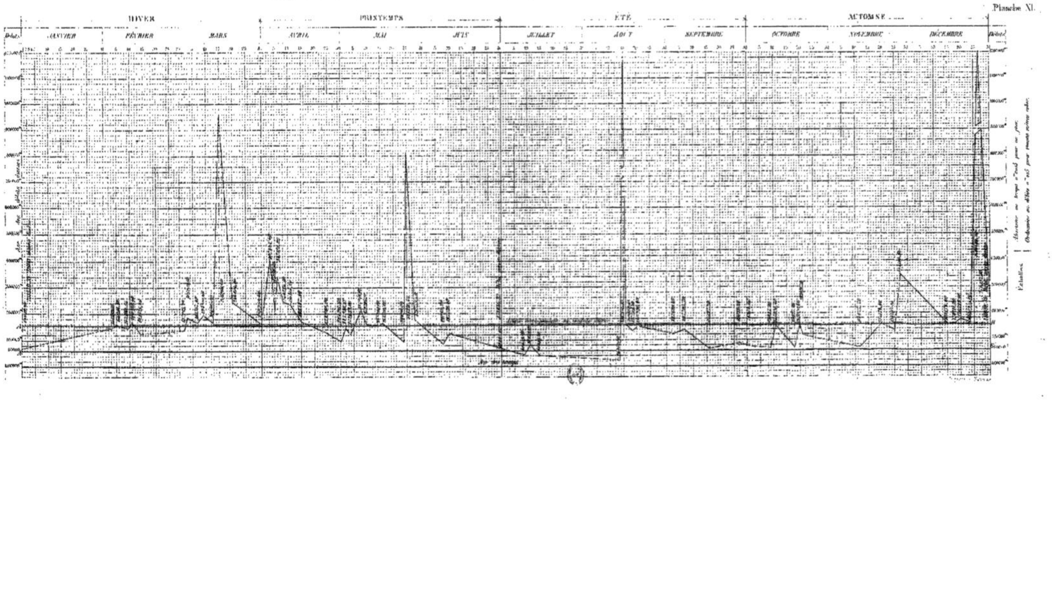

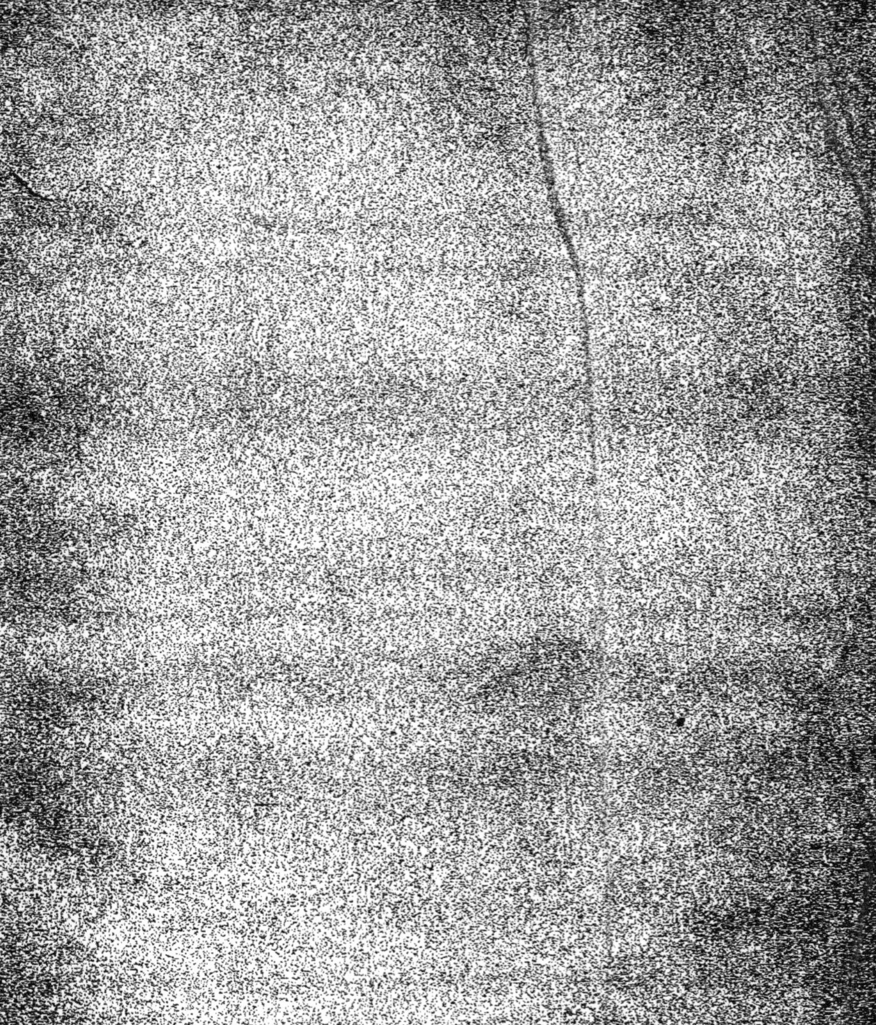

www.ingramcontent.com/pod-product-compliance
Ingram Content Group UK Ltd.
Pitfield, Milton Keynes, MK11 3LW, UK
UKHW020413230726
13925UKWH00004B/1396